典型近岸海洋生态系统
健康评价研究

DIANXING JIN'AN HAIYANG SHENGTAI XITONG
JIANKANG PINGJIA YANJIU

洛 昊　于 洋　李 晴　/著
张德民　马明辉　梁 斌

知识产权出版社
全国百佳图书出版单位
—北京—

图书在版编目（CIP）数据

典型近岸海洋生态系统健康评价研究/洛昊等著. —北京：知识产权出版社，2024.6
ISBN 978 - 7 - 5130 - 9371 - 2

Ⅰ.①典… Ⅱ.①洛… Ⅲ.①近海—海洋生态学—研究—中国 Ⅳ.①Q178.53

中国国家版本馆 CIP 数据核字（2024）第 104046 号

责任编辑：张　荣　　　　　　　　　责任校对：谷　洋
封面设计：段维东　　　　　　　　　责任印制：孙婷婷

典型近岸海洋生态系统健康评价研究

洛　昊　于　洋　李　晴　张德民　马明辉　梁　斌　著

出版发行：知识产权出版社 有限责任公司		网　　址：http：//www.ipph.cn	
社　　址：北京市海淀区气象路 50 号院		邮　　编：100081	
责编电话：010 - 82000860 转 8109		责编邮箱：107392336@ qq.com	
发行电话：010 - 82000860 转 8101/8102		发行传真：010 - 82000893/82005070/82000270	
印　　刷：北京中献拓方科技发展有限公司		经　　销：新华书店、各大网上书店及相关专业书店	
开　　本：787mm×1092mm　1/16		印　　张：12	
版　　次：2024 年 6 月第 1 版		印　　次：2024 年 6 月第 1 次印刷	
字　　数：215 千字		定　　价：88.00 元	

ISBN 978 - 7 - 5130 - 9371 - 2

前言
PREFACE

　　党的十八大以来，以习近平同志为核心的党中央高度重视生态文明建设，提出了一系列新理念、新思想、新战略，形成了习近平生态文明思想。在全面贯彻党的二十大精神开局之年，在全面建设社会主义现代化国家新征程的关键时刻，2023年7月，党中央再次召开全国生态环境保护大会，习近平总书记出席会议并发表重要讲话，彰显了党中央对生态文明建设一以贯之的高度重视。海洋生态健康状况是海洋生态文明建设成效的重要体现。

　　海洋作为生物圈中最大的生态单位，其总面积约占地球表面积的71%，是全球生命支持系统的一个重要组成部分。当前，我国海洋生态环境正遭受着前所未有的强烈扰动，海水养殖、渔业捕捞、围填海、陆源排污、航运、海上倾倒、港口疏浚等人类活动已经导致生产力下降、生物多样性减少、生态景观退化等问题，我国生态文明建设正处于关键期、攻坚期、窗口期"三期叠加"的历史性关口。因此，开展典型海洋生态系统的生态健康评价是履行海洋生态环境监测评价与保护职责、落实全面推进生态文明建设政治任务的一项重要工作，也是落实公众环境知情权、提升管理考核定量化水平的一个重要支撑。

　　2023年4月，习近平总书记考察湛江红树林时强调，这片红树林是"国宝"，要像爱护眼睛一样守护好。如何科学、准确、完整评估红树林等典型海洋生态系统健康状况，已成为海洋生态环境保护领域的一个重要课题。目前，我国海洋生态健康评价工作依据《近岸海洋生态健康评价指南》（HY/T 087—2005）开展，该行业标准现已发布实施近二十年，经多年业务化工作实践，相关技术指标和评价标准已难以满足当前的评价需求，存在如指标重叠、调查成本高、调查时间长、部分指标难以获取、基准值确定难度大等问题。本书在前期相关研究的基础上，围绕"促进人与自然和谐共生现代化"这一新发展理念，立足当前海洋生态环境保护工作所处的新发展阶段，重点针对珊瑚礁、海草床、红树林、河口和海湾等 5 个典型生态系统的指标体系构建、权重设置、评价基准确定等，提出一套具有评价体系科学、业务化实施可行、管理结合紧密等特点的海洋生态健康评价体系，并针对典型生态系统健康状况进行了全面、系统的评估，根据评价结果动态调整优化评价方法。优化和完善了我国海洋生态健康评价体系，解决了指标重叠、调查成本高、调查时间长、部分指标难以获取、基准值确定难度大等问题。基于本研究成果形成了《近岸海洋生态健康评价指南》（GB/T 42631—2023）国家标准 1 部，实现了海洋生态健康评价的集成创新。

本书采用层次分析法结合专家经验判断法对各个典型海洋生态系统的指标（一级、二级指标）权重进行了赋值，实现了定量和定性相结合的权重赋值模式，重点突出生态系统的特点和服务功能，易于识别存在的问题，使评价结果更加合理、客观、符合实际，实现了生物群落评价基准值的全覆盖和生态环境分区域差异化精准管控。全面梳理了我国全海域、四个季节的浮游植物、浮游动物、底栖生物等历史监测数据资料，并将全国近岸海域划分为 24 个生态区域，每个区域均拥有独立基准赋值，使生物群落健康评价可以覆盖全国海域。2023 年 11 月，中央全面深化改革委员会第三次会议召开，会议审议通过了《关于加强生态环境分区管控的指导意见》，本研究成果为完善生态环境分区管控方案，建立从问题识别到解决方案的分区分类管控策略提供了重要技术支撑。

本书还首次运用典型海洋生态系统健康评价方法对广西涠洲岛珊瑚礁、北海海草床、山口红树林、北部湾生态系统健康状况进行了全面、系统的评估，为我国海洋生态环境保护与修复提供了第一手研究资料，为海洋管理部门科学合理地制定海洋生态保护政策提供了决策依据，有助于提升生态系统的多样性、稳定性、持续性，筑牢安全底线。

本研究有助于海洋管理部门全面掌握我国海洋生态健康状况及变化趋势，识别海洋生态环境问题，为开展"十四五"期间海洋保护和可持续发展提供科学依据，不断提升我国海洋生态环境保护工作水平，以海洋生态环境保护工作成效全面推动人与自然和谐共生的现代化建设，以高品质生态环境支撑高质量发展，让人民群众在绿水青山中共享自然之美、生命之美、生活之美。

全书共包含概述，珊瑚礁、海草床、红树林等的生态系统健康评价，海洋生态环境保护对策研究，以及未来工作展望等内容。其中，概述和珊瑚礁、海草床、红树林生态系统健康评价由洛昊完成，海洋生态环境保护对策研究由李晴完成，未来工作展望、参考文献等由于洋等人完成。

在本书撰写的过程中，国家海洋环境监测中心马明辉研究员、梁斌正高级工程师，宁波大学张德民教授，广西壮族自治区海洋环境监测中心站蓝文陆博士等给予了热情的关心与帮助，惠赐资料或对初稿提出宝贵意见，谨致以衷心的谢意。在此还要感谢知识产权出版社的张荣老师为本书的出版提供的大力支持。

由于海洋生态学内容涉及海洋科学各相关学科的知识，而编者的业务水平有限，因此书中一定存在不少疏漏之处，敬请各位专家和读者批评指正。

洛昊

2024 年 3 月

目 录
CONTENTS

概　述

1.1　海洋生态健康评价研究进展

　　人类活动对海洋环境的影响越来越深远，海洋生态系统的健康状况也受到越来越多的关注。海洋生态健康评价旨在评估海洋生态系统的健康状况，以便采取适当的措施保护和管理海洋资源。近年来，海洋生态健康评价的研究取得了重要进展。一是生态系统健康的概念得到了深入探讨。生态系统健康的定义一般认为包括生态系统稳定、多样性、恢复力、活力等方面。二是海洋生态健康评价方法和指标体系逐步完善。常用的评价方法包括层次分析法（AHP）、主成分分析法（PCA）、模糊数学法等。指标体系包括多个因素，如溶解氧、无机磷、无机氮、化学需氧量等。通过对这些因素的分析，可以评估海洋生态系统的健康状况。三是海洋生态健康评价的应用范围不断扩大。除了对海洋生态系统本身的评估外，还可以应用于海洋保护区规划、海洋环境管理、海洋灾害预警等方面。这对于提高海洋资源的可持续利用和保护海洋生态环境具有重要意义。总之，海洋生态健康评价研究取得了显著进展，但仍需进一步完善评价方法和指标体系，加强应用研究，以更好地服务于海洋生态环境保护和可持续发展。

1.1.1 海洋生态健康概念

生态健康这一概念，最早可以追溯到 18 世纪 70 年代。1788 年，James Hutton 首先提出"自然健康"这个概念[1]。20 世纪 40 年代，美国生态学家 Aldo Leopold 首次定义了"土地健康"的概念，认为"土地"即生态系统的全部[2]。随着工业化的推进，环境资源瓶颈日益显现，生态承载力逐渐衰退[3]。

1982 年，加拿大研究人员第一次提出了"生态系统健康"概念[4]。随后，Schaeffer 等学者围绕生态系统健康评估开展了系列研究[5]。Karr 等经过研究提出受破坏的生态系统具有自然恢复能力[6]。1989 年，Rapport 和 David 首次就生态系统健康的测度问题进行了深入研究，梳理提出了生态系统健康的内涵[7]。20 世纪 90 年代后，关于生态系统健康的研究更加广泛和深入[8]。Costanza[9] 认为生态系统健康，即生态系统应该具备稳定性、可持续性以及面对外界干扰时具有恢复力[9]，这是对 Karr 等研究成果的进一步深化和发展。1994 年，国际生态系统健康学会成立后，标志着生态系统健康研究的全面开启。2010 年，Raffaelli 等在前人研究成果的基础上，增加了社会、经济影响因素[10]，进一步丰富了生态系统健康定义的内涵。

我国关于生态系统健康的研究始于 20 世纪初，其内涵主要聚焦在生态系统供给能力方面。1984 年，马世骏等根据多年的生态学研究实践，以及对于人口、粮食、资源、能源、环境等重大民生和生态问题的深入思考，提出了将自然系统、经济系统和社会系统复合到一起的构思[11]。2001 年，崔保山等提出湿地生态系统健康概念，健康的湿地除了具备洪水调蓄和水质净化等功能，还要具有生态系统本身的自我维持能力[12]。

海洋生态系统健康的概念最早出现于 20 世纪 90 年代，Holder[13]、Pollard[14]、Fairweather[15] 等学者通过一系列的研究，提出海洋生态系统健康的基础就是生态系统的稳定性、平衡性、可持续性的功能正常发挥。我国于 2005 年出台了《近岸海洋生态健康评价指南》（HY/T 087—2005），明确了海洋生态系统健康、亚健康、不健康的定义[16]，这是从国家层面对生态健康概念相对权威的定义。

1.1.2 海洋生态健康评价方法

随着海洋经济的快速发展、海洋资源被过度开发利用，海洋生态系统健康评价成为海洋科学、生态科学、环境科学的研究热点之一[17]。20 世纪 80 年代，Karr 基于生物完整性指数评估了海洋生态系统健康状况[18]。随后，国内外学者也相继开展了海洋生态健康评价相关研究。

经梳理，评价方法总体分为指示物种法与指示生物法。指示物种法即通过相关指示物种的数量、结构、功能变化，反映生态系统的健康稳定程度[19]。海洋生态系统中常采用浮游生物[20]、底栖动物[21]、鱼类[22]等作为生态系统健康的指示物种。但指示物种法适用于具有典型生态系统的特征或者典型生物栖息的区域，如河北昌黎黄金海岸的文昌鱼、珠江口的中华白海豚等，这些指示生物的数量和种群结构可以直接反映所在区域的环境状况总体情况，但对于该区域的具体环境问题缺乏系统评估。

20 世纪 90 年代，Sherman[23]、Epstein P R[24]、Andrulewicz E[25]等分别评估了缅因湾（Maine Gulf）、芬迪湾（Fundy Gulf）、格但·斯克湾（Gdansk Gulf）的健康状况。1994 年，北美五大湖区域开展了健康评价，该指标体系为水生生态系统健康评价奠定研究基础[26]。

2001 年，美国国家环境保护局（USEPA）、美国国家海洋和大气管理局（NOAA）等组织联合开展了美国近岸海洋生态环境状况综合评价，于 2003 年至 2009 年发布了 4 期"全国近岸状况报告"[27]。评价指标包括：水质、沉积物质量、底栖生物、近岸栖息地、鱼和贝类体内污染物[28]。选择上述五类生态状况指标的原因是，在美国大多数地区，这些指标具有相对统一的数据资料来源。尽管这些指标无法反映河口和近岸水域的所有重要特征，却能够提供有关河口和近岸水域的生态状况、水生生物群落和人类活动等方面的信息，如图 1.1 所示。

使用上述五类指标来表征近岸区域的特性时，需采取两个步骤：一是对单个站点的各项指标进行分级。分级标准根据现有的标准、指南或者文献中的阈值来确定。例如，如果溶解氧浓度小于 2 mg·L^{-1}，溶解氧状况被认为是较差的，溶解氧浓度值 2 mg·L^{-1} 被公认为代表缺氧状况的阈值，由此作为判断标准是具有一定科学依据的。二是根据区域内各站点的指标等级来确定区域等级。例如，如果一个区域的溶解氧状况被定为较差，那么在这个区域内必须有 15% 以上的水域溶解氧浓度低于 2 mg·L^{-1}。区域标准限值（用来划分区域等级的百分数）是通过对环境管理者、资深专家和知识渊博的社会人士进行调查后获得的。评价等级划分为优、良和差三个等级，如表 1.1 所示。

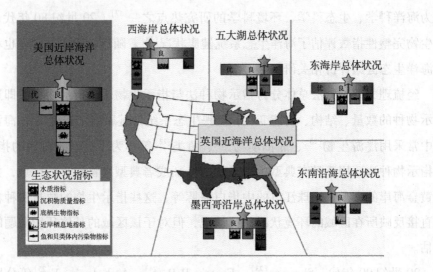

图 1.1　美国近岸海域状况评价法（NCCR，2001）

表 1.1　美国近岸海域状况评价指标

指数	地点的生态条件分级	区域的分级
水质指数	①优：没有意向测度指标为"差"，指标最高的一项为"良"； ②良：只有一项测度指标为"差"或者两项或两项以上为"良"； ③差：两项或两项以上测度指标为"差"	①优：少于10%的海岸水体处于"差"的环境，且少于50%的海岸水体兼有"差"和"良"的环境特点； ②良：10%～20%的海岸水体处于"差"的环境或50%以上的海岸水体兼有"差"和"良"的环境特点； ③差：20%以上的海岸水体处于"差"的环境
沉积物质量指数	①优：没有一项测度指标为"差"，且沉积物污染物指标达到"优"； ②良：没有一项测度指标为"差"，且泥沙污染物指标达到"良"； ③差：一项或一项以上测度指标为"差"	①优：少于5%的海岸沉积物处于"差"的环境，并且少于50%的海岸沉积物兼有"差"和"良"的环境特点； ②良：5%～15%的海岸沉积物处于"差"的环境或50%以上的海举沉积物兼有"差"和"良"的环境特点； ③差：15%以上的海岸沉积物处于"差"的环境

指数	地点的生态条件分级	区域的分级
底栖生物指数	优良或差：依据地区性的底栖指数得分决定	①优：海岸沉积物的底栖指数得分为"差"的少于10%，并且海岸沉积物的底栖指数得分介于"差"和"良"之间的少于50%； ②良：10%～20%的海岸沉积物的底栖指数得分为"差"或者50%以上的海岸沉积物的底栖指数得分介于"差"和"良"之间； ③差：20%以上的海岸沉积物的底栖指数得分为"差"
海岸生境指数	由美国各个海岸区域确定，将历史上长期的十年湿地退化速率（1780～1990）的平均值和当前的十年湿地退化速率（1990～2000）平均值，然后乘以100得到海岸生境指数得分	①优：海岸生境指数得分<1.0； ②良：1.0≤海岸生境指数得分≤1.25； ③差：海岸生境指数得分>1.25
鱼体组织污染物指数	①优：复合鱼体组织污染物浓度低于美国国家环保局的控制浓度范围； ②良：复合鱼体组织污染物浓度处于美国国家环保局的控制浓度范围内； ③差：复合鱼体组织污染物浓度高于美国国家环保局的控制浓度范围	①优：少于10%的河口采样点为"差"，并且少于50%的河口采样点兼有"差"和"良"的特点； ②良：10%～20%的河口采样点为"差"或者50%以上的河口采样点兼有"差"和"良"的特点； ③差：20%以上的河口采样点为"差"

资料来源：许学工，许诺安. 美国海岸带管理和环境评估的框架及启示［J］. 环境科学与技术，2010，33（1）：201－204.

为推动"水框架指令"（WFD）[29]有效落地，欧盟对其成员国所辖水体的生态状况进行了总体评估。其下设的"生态状况工作组"于2003年提出了"生态状况评价综合方法"[30]。该方法用于指导欧盟所有成员国对其所辖水体的生态状况评价工作。欧盟水框架指令海岸工作小组起草了《河口和沿岸海域生态状况评价指南》，主要根据现状相对于参考状态的偏离程度来判断生物、理化和水文形态状况，这与我国目前健康评价中生物评价方法相类似，如图1.2所示。2010年，赫尔辛基委员会（HELCOM）从生物、化学和支持特征3个方面对波罗的海的生态系统健康状况进行了综合评价[31]。

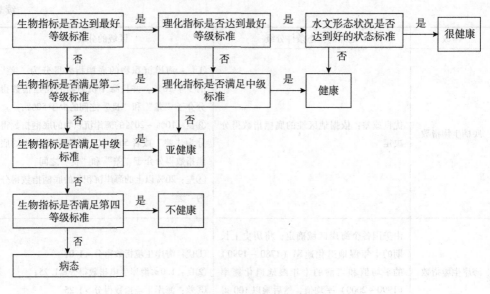

图 1.2　生态状况分级逻辑流程

2012 年，Halpern 等提出了海洋健康指数（Ocean Health Indx，OHI），从食物供给、非商业性捕捞、天然产品、碳汇、生计、旅游与度假、清洁的水、生物多样性、地区归属感、安全海岸线等 10 个方面来评估全球沿海国家海洋生产力[32]，见图 1.3。

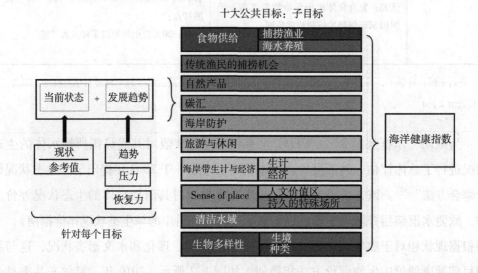

图 1.3　OHI 的概念框架

在制定 OHI 时，解决了 6 个主要挑战：①确定数量不多且可被广泛接受的目标，以评估任何规模的海洋健康状况；②开发新的模型，以合理性、准确性衡量每个目标的实现情况；③为每个模型定义固定的参考点；④将可持续性指标纳入指数；⑤确保该指数能够反映海洋健康和生态环境效益方面的实际差异与变化；⑥允许指标体系具有一定的灵活性，以适应数据可获得性和可用性，以及数据质量和数量的约束（或者便于未来对指标体系进行优化和完善）。该健康指数为研究海洋生态系统健康提供了有益的参考，以及在全球范围内可以进行横向比较，了解和掌握各国家之间的差异。

2011 年，Muniz 等建立了 Montevideo 生态系统健康评价指标体系[33]。2013 年 Marigómez 等以贻贝为指示物种，从生物效应评价指标、健康状况指标、生物综合评价指标、生态系统健康状况排行、综合生物标志物指标等五种常用的生物标志综合指数法，评价了在"威望号"溢油事件后加利西湾（Galicia）和比斯开湾（Biscay）的海洋生态系统健康状况，并探究了五种生物标志综合指数法的优缺点以及五种方法评价生态系统健康的适用范围[34]。Wingard 等从红树林群落、湿地水鸟、大型底栖动物和鱼类、鳄鱼、水生附着生物等五个方面构建了海洋生态系统模型，对佛罗里达州西海岸湿地进行了评价[35]。2014 年 Sera 等总结了可用于选取生态系统健康指标的一些实例分析和建模技术，并对这些案例和建模工具的优势和不足进行了评价，重点分析了日本"3·11"地震引发海啸造成的沉积物中重金属对人类健康和海洋生态系统健康的影响[36]。Ogden 等探讨了在美国佛罗里达州南部沿岸滨海地区以滨海鸟类为环境健康状况指标概念模型[37]。2015 年，Johnson 等研究了制铝行业产生的多环芳烃对加拿大基提马特港底栖鱼类健康的影响[38]。

2018 年，波罗的海海洋环境保护委员会对 2011—2016 年波罗的海环境累积影响进行了评估[39]（2016—2021 年的评价将于 2023 年完成）。报告对人类活动对环境的主要影响方式进行了梳理，包括物质（营养物质或危险物质）的输入、能量流动（水下声音、热量）、生物压力（非本土物种、物种干扰和物种的提取）和物理压力（对海底的干扰、海底的损失和变化水文条件）等四个方面的人类活动产生的压力。其强调人类活动可能导致的环境压力，但忽略了对生态系统状况及其变化趋势的有效评估，见图 1.4。

我国于 2003 年起陆续开展了海洋生态系统健康评价的研究，总体起步较晚。杨建强等率先从环境、生物群落结构、生态服务功能等三个方面建立了评价指标体系，

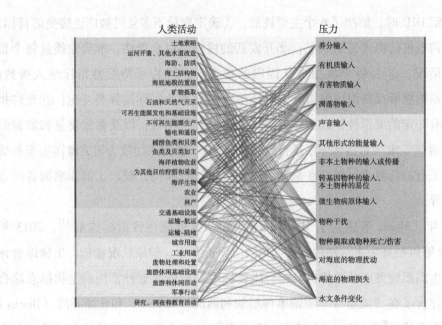

图 1.4　波罗的海环境累积影响评估模型

对莱州湾西部的海洋生态系统健康进行了评价[40]。2004 年，徐福留等基于 20 年的监测数据，对中国香港吐露港生态环境健康的时空变化进行评价[41]。2005 年，国家海洋局发布了《近岸海洋生态健康评价指南》行业标准，该标准明确规定了我国近岸海域典型生态系统健康评价的相关指标、方法、评价标准等，具有重要的指导作用，并在多年的业务化工作中得到应用，此后张秋丰[42]、欧文霞[43]、宋伦[44]、梁淼等[45]、李益云等[46]众多学者对不同海域进行示范应用研究。2008 年，刘佳基于 PSR（压力—状态—响应）模型，从环境、人类活动等五个方面，对九龙河口进行了健康评价[47]。2011 年，陈小燕在联合国生态系统评估基本框架的基础上，建立了包括生物结构、生境结构、支持功能、调节功能、供应功能等 6 个层面、43 种指标评价体系，对珠江口和大亚湾临近海域近 30 年的生态系统健康状况进行了评价[48]。但其选取指标多、数量大，在定量化操作层面存在诸多困难。2015 年，周彬等从旅游生态的角度，构建了舟山群岛旅游生态健康动态评价指标体系[49]。

近年来，海洋微生物生态学已经成为海洋生态健康评价的重要领域，其核心是研究海洋中微生物群体与其他生物和环境的相互关系[50]。目前，海洋微生物生态学的研究对象主要有细菌、古菌、病毒[51]和真核微生物[52]，可以根据细菌群落结构的变化来反映环境的改变。微环境变化主要指一些物理因子和化学因子的梯度变化，微生物群落随着微环境梯度变化呈现有规律的变化。微环境尺度海洋微生物群落结构的研究，有利于找出海洋微生物对于环境因子的适应和响应机制[53]，对保护海洋微生物资源意义重大，同时对于指示海洋生态环境系统健康具有重要的借鉴作用[54]。Riemann 等分析了微生物群落组成及其分布随海水深度的变化的规律[55]。Wang kai 等对微生物群落结构及其与周围环境梯度变化的关系进行了相应的研究[56]，并开发了一种基于微生物群落的生态健康评价方法的专利，为阐述在一个完整海洋生态系统中微生物群落的独特地理分布提供了依据。当前，海洋微生物群落结构和多样性的研究方法极为广泛，但是由于海洋微生物的种类繁多、结构复杂，基于海洋微生物生态学的健康评价研究仍任重道远。

1.1.2.1　珊瑚礁生态系统

1. 概念及特点

珊瑚礁生态系统是由造礁石珊瑚形成的特殊生态系统，包括造礁珊瑚和各种珊瑚礁所特有的生物[57]。珊瑚礁生态系统作为热带海洋中最突出的代表性生态系统之一，对于维持生态平衡、渔业资源再生、生态旅游观光和海洋药物开发及海岸线保护等至关重要[58]，是地球上生产力最高、生物种类最丰富的生态系统之一[59]，被称为"热带海洋沙漠中的绿洲"和"海洋中的热带雨林"[60]。珊瑚礁生态系统为人类提供了丰富的食物供给和景观资源[61]。

造礁珊瑚主要分布在南、北两半球海水表层水温为 20℃的等温线内的大洋中或大陆架和岛架上，是个较为开放的生态系统[62]。尽管珊瑚礁生态系统的生产力和物种多样性都很高，但它仍是一个相对脆弱的生态系统，受外界环境的影响极易衰退[63]。即使这种外界环境压力是可逆的，但珊瑚礁要恢复至原有的状态也需要几十年、上百年甚至更长的时间[64]。近几十年来，沿海地区面临着人口持续增加和经济社会的迅速发展[65]，以及气候变化等人为和自然的双重压力[66]，导致全球珊瑚礁健康状况日益衰退[67]，对珊瑚礁的保护刻不容缓[68]，迫切需要建立监测、评价珊瑚礁健康状况的多种且有效的方法[69]。

2. 生态功能

珊瑚礁生态系统是以造礁石珊瑚生物群体为基础，形成的物种多样性复杂的特殊生态系统。造礁石珊瑚是珊瑚礁的根基，以其形态多样的骨骼所构建的三维空间结构为多种海洋生物提供产卵、栖息和躲避敌害的场所。珊瑚礁具有很高的生产力，能在养分不足的水域内进行营养的有效循环，为大量的海洋生物提供了广泛的食物来源。珊瑚礁构造中众多的孔洞和裂隙，为习性相异的生物提供了各种生境，为之创造了栖息、隐匿、育幼、索饵的有利条件。

珊瑚礁中蕴藏着许多宝贵的生化物质，这些物质具有抗癌、抗菌、抗氧化的作用，为开发新的药物、化妆品和健康食品提供了巨大的潜力。珊瑚礁生态系统不仅具有巨大的经济价值，而且为人类社会提供了多种生态服务功能。

珊瑚礁生态系统为人类社会提供了极高的渔业产值。珊瑚礁是一个丰富的生态系统，其中生活着许多海洋生物，包括大量的鱼类、贝类、甲壳类等。这些海洋生物在珊瑚礁中生长迅速，繁殖能力强，为人类提供了大量的渔业资源。据统计，珊瑚礁每年提供的渔业产值可达数百亿美元。

珊瑚礁生态系统还为人类社会提供了无法估量的生态服务功能。珊瑚礁是一个天然的海洋生态系统，它可以吸收二氧化碳，减少全球变暖和海平面上升的影响；它可以保护海岸线免受风浪侵蚀，维护海岸线的稳定性和安全性，是抵御风暴潮的第一道天然屏障；它还可以净化海水，去除污染物和悬浮物，提高海水的透明度和质量；它还可以为人类提供休闲和旅游的场所，促进旅游业的发展[70]。

珊瑚礁生态系统还为人类社会提供了多种药物和生物材料。珊瑚礁中存在着多种特殊生物类群并含有多种化学物质，其中的很多化学物质具有极高的药用价值和生物活性。例如，珊瑚中的一些物质则可以用于治疗癌症、心脏病、糖尿病等疾病，另外一些物质则可以用于制作化妆品和健康食品等。

珊瑚礁还属于重要的国土资源。由珊瑚礁堆积而成的灰沙岛或干出的珊瑚礁都是陆地，按照《联合国海洋法公约》（UNCLOS）规定，这种陆地可成为一个国家领土的一部分，也可以作为该国领海基线上的点。

综上所述，珊瑚礁生态系统不仅具有巨大的经济价值，而且为人类社会提供了多种生态服务功能，是人类宝贵的海洋资源之一。我们应该保护好珊瑚礁生态系统，为人类社会可持续发展、生物资源可持续利用、维持生物多样性奠定良好的生态基础。

3. 分布现状

我国的珊瑚礁资源丰富，面积位列世界第 8 位[71]，主要分布于广东、广西、福建、海南沿岸[72]，以及南海中沙[73]、西沙[74]、南沙[75]等诸岛和台湾、香港等地。

近年来，由于大规模的粗放式海洋资源利用，海洋环境污染、海水水质下降、海洋灾害频发、全球变暖等生态环境问题突出。调查结果显示，由于围填海、渔业活动，导致我国沿海珊瑚覆盖率在近 30 年内，下降幅度超过 80%[76]。从世界范围来看，近半个世纪以来[77]，受气候变化等因素影响[78]，全球珊瑚资源锐减[79]，珊瑚礁生态系统均出现了严重退化[80]。

4. 健康评价方法

珊瑚礁生态系统健康的概念和内涵还缺乏完整、准确的定义。随着研究的深入，其概念也在不断地补充和完善[81]。近年来，国内外学者开展了一系列关于珊瑚礁生态系统健康评价的研究[82-87]。目前，关于珊瑚礁的研究主要集中于珊瑚礁资源现状及生态环境特征[88]、基础生物学研究[89]、珊瑚礁生态系统健康评价和保护修复管理等方面[90]，"健康珊瑚礁服务健康人类"（The Healthy Reefs for Healthy People Initiative，HRHPI）组织对珊瑚礁健康进行了定义，即随着时间的推移，珊瑚礁生态系统的各个方面，包括物种多样性、生态过程等，仍维持在适当的水平，以便后代能够继续利用[91]。其中珊瑚礁生态系统健康评价借鉴了生态系统评价的研究成果，可以归纳为指标体系法和指示生物评价方法两类。

1）指标体系法

指标体系法主要基于"压力—状态—响应"（PSR）模型，国外主要依据中美洲珊瑚礁健康评价协议（HMRE）提出的 52 项评价指标构建评价体系[92]。在所有的评价体系中，主要包括压力、状态、响应等层面的指标。有关环境压力层面，包括人类活动、气候变化等；有关状态层面包括珊瑚礁群落、组成等指标；有关响应层面，包括对社会、政治、经济等的反映。指标体系易于构建，但是其中的评价基准值的确定是重中之重。我国于 2005 年发布实施《近岸海洋生态健康评价指南》（HY/T 087—2005），该标准明确了珊瑚礁评价的指标体系、评价方法等，并于 2006 年启动了 27 个生态监控区的环境和生态指标调查。基于我国已经出台的海水、生物、沉积物环境质量标准、科研成果、历史调查数据等，制定评价基准值的模式，已得到广泛的认可和应用，通过上述方法，解决了评价指标没有评价基准的问题。评价基准值参考不同的赋值标准，雷新明等构建了珊瑚礁生态系统健康评价指标的等级划分标准[93]，见表 1.2。

表 1.2 珊瑚礁生态系统健康评价指标的等级划分标准

一级指标	二级指标	单位	权重	分级标准		
				Ⅲ	Ⅱ	Ⅰ
造礁珊瑚	造礁珊瑚覆盖率	%	0.30	≤15	15~35	≥35
	造礁珊瑚种类数	—	0.20	≤10	10~20	≥20
	半年内死亡造礁珊瑚覆盖率	%	0.05	≥10	2~10	≤2
	块状造礁珊瑚占比	%	0.02	≥90	50~90	≤50
	鹿角珊瑚占比	%	0.2	≤10	10~20	≥20
	Shannon-Wiener 多样性指数	—	0.03	0~0.9	0.9~2.4	≥2.4
	造礁珊瑚补充量	个·m^{-2}	0.20	≤5	5~20	≥20
珊瑚礁鱼类	珊瑚礁鱼类种类数	—	0.35	≤5	5~20	≥20
	珊瑚礁鱼类密度	ind.·300m^{-2}	0.25	≤50	50~100	≥100
	Shannon-Wiener 多样性指数	—	0.10	0~0.9	0.9~2.4	≥2.4
	10cm 以上珊瑚礁鱼类占比	%	0.20	≤1	1~3	≥3
	蝴蝶鱼	条	0.10	≤2	2~5	≥5
大型底栖动物	大型藻类与造礁珊瑚比值	—	0.30	≥30	5~30	≤5
	长棘海星	个	0.10	≥5	0~5	0
	核果螺	个	0.10	≥50	10~50	≤10
	海胆	个	0.20	≤5	5~20	≥20
	海参	个	0.05	≤5	5~20	≥20
	砗磲	个	0.20	≤1	1~5	≥5
	龙虾	个	0.05	0	1~2	≥2
赋 值				10	50	100

资料来源：孙有方，雷新明，练健生，等. 三亚珊瑚礁保护区珊瑚礁生态系统现状及其健康状况评价［J］. 生物多样性，2018，26（3）：258-265.

LOMYH A 等，构建了印度尼西亚珊瑚礁生态系统状态评价方法[94]，包括水质、生物、珊瑚礁病害、渔业开发状况等 8 类指标。其中，渔业开发状况包括以下 4 类指标。一是经济类指标，包括，盈利能力、渔民收入水平、市场准入（国际国内需求价格）、企业资本状况、营销体系、破坏性捕捞捕获的鱼的价格等；二是社会指标，包括，知识水平、教育水平、贫困水平和固定收入等关于珊瑚礁效益的指标；三是技术指标，包括，过去 10 年船舶和渔具数量、过去 10 年破坏性捕捞活动的强度、旅游娱乐现状（高，中，低）、渔具的选择性、珊瑚礁中渔场的比例（75%~100%赋值 0，50%~75%，25%~50%，<25%）、停泊在珊瑚礁的船只数量（多，一般，无）、

过去10年用于建筑的珊瑚礁利用率、海洋养殖现状（非常坏，坏，中等，好）；四是法律和体制指标，包括，执法、机构间政策重叠、环境法社会化等，见表1.3。

表1.3 印度尼西亚珊瑚礁生态系统状态评价

序号	生态类	赋 值				
		0	1	2	3	4
1	总悬浮物浓度（mg·L^{-1}）	>10	≤10	—		
2	珊瑚的捕食者（如长棘海星、星河豚等）（个·1000m^{-2}）	>14	≤14	—		
3	草食鱼类的捕获量	>40%	10%~40%	0~10%	占总量的比例	—
4	渔业开发状况	崩溃	高	中	低	平衡
5	珊瑚白化	≥75%	50%~75%	25%~49.9%	<25%	—
6	珊瑚礁破坏程度	珊瑚碎石 ≥75%	50%~75%	25%~49.9%	<25%	—
7	珊瑚病害	≥75%	50%~75%	25%~49.9%	<25%	—
8	过去10年捕获的珊瑚礁鱼大小变化	大幅下降	略有下降	无变化	—	—

资料来源：Haya L O M Y, Fujii M. Mapping the change of coral reefs using remote sensing and in situ measurements: a case study in Pangkajene and Kepulauan Regency, Spermonde Archipelago, Indonesia [J]. Journal of Oceanography, 2017, 73 (5): 1–23.

美国珊瑚礁特别工作组（USCRTS）在从生态系统角度促进美国珊瑚礁整体保护领域一直处于独特的优势地位，它包括12个美国政府机构、7个州和地区以及3个自由联系州，能够将具有不同和潜在冲突任务的政府实体聚集在一起，以确定共同的国家目标，并加强当地和国家珊瑚礁保护优先事项的实地工作。该工作组构建的珊瑚礁评价指标体系包括珊瑚礁群落、沉积物质量和水质等指标[95]，见表1.4。

表1.4 美国珊瑚礁群落、沉积物质量和水质指标

指 标		指标类型	测量单位
珊瑚礁群落指标	底栖覆盖	结果指标	在指定区域生物与非生物占据底栖生物的百分比
	珊瑚补充量	结果指标	未成熟珊瑚（<5cm）密度（ind.·m^{-2}）
	珊瑚群落大小结构	结果指标	特定区域内所有珊瑚物种的珊瑚群落大小分布
	珊瑚种类丰富性（分类学上丰富程度）	结果指标	特定区域内珊瑚的物种数量
	草食性鱼类生物量	结果指标/过程指标	根据个别鱼类长度估算出单位区域内食草鱼类总重量（g·m^{-2}）

指 标		指标类型	测量单位
沉积物质量指标	沉积物成分的堆积	过程指标	沉积物样品中有机碳、碳酸盐和陆源沉积的比例
	沉积物毒性测试	过程指标	实验生物的生存比例或成功繁殖比例
水质指标	总氮	过程指标	浓度（mg·L^{-1}）
	总磷	过程指标	浓度（mg·L^{-1}）
	叶绿素 a	过程指标	浓度（mg·L^{-1}）
	溶解氧	过程指标	浓度（mg·L^{-1}）
	混浊度/悬浮物	过程指标	NTU（10mg·L^{-1}）

资料来源：United States Coral Reef Task Force. The U. S. THE NATIONAL ACTION PLAN TO CONSERVE CORAL REEFS [R]. Washington：UCRTF, 2008.

黄晖等学者研究提出了珊瑚礁和造礁石珊瑚群落的健康评价指标占比及等级划分标准[96]，见表1.5。由于指标体系中不同指标数据的量纲不同，为使评价指标具有可比性和可度量性，需对各评价指标的原始数据进行标准化处理，采用隶属度打分法进行计算。通过综合指数方法对珊瑚礁生态系统健康进行全面评价，计算珊瑚礁生态系统压力层、状态层、影响层的指数，并确定健康等级。

表1.5　珊瑚礁和造礁石珊瑚群落的健康评价指标占比及等级划分标准　（%）

评价指标	权重	分级标准		
		Ⅲ	Ⅱ	Ⅰ
活造礁珊瑚覆盖率	0.50	≤15	15~35	≥35
沙底质覆盖率	0.05	≤35	15~35	≤15
鹿角珊瑚属占比	0.20	≤5	5~20	≥20
滨珊瑚属占比	0.05	≥20	5~20	≤5
角孔珊瑚属占比	0.05	≥20	5~20	≤5
盔形珊瑚属占比	0.05	≥20	5~20	≤5
造礁石珊瑚物种数	0.10	≤20	20~100	≥100
赋　值		10	50	100

资料来源：黄晖，等. 中国珊瑚礁状况报告（2010—2019）[R]. 北京：海洋出版社，2021.

2）指示生物评价方法

指示物种法及其采用的生物指标，从 20 世纪 70 年代开始，将淡水以及海洋生物作为指示物种的方法已得到广泛应用[97]。总体来看，珊瑚礁指示生物主要包括生物多样性指示种和污染指示种，其中生物多样性指标包括硬珊瑚覆盖度和生物多样性指数[98]。同时指示生物要具有可捕获性（便于观察、监测、采集）和稳定性（具有趋势性变化和稳定指示的属性）。

1.1.2.2　海草床生态系统

1. 概念及特点

海草（seagrass）是生活于热带和温带海域浅水的单子叶被子植物[99]，一般分布在低潮带和潮下带。大多数海草种分布在20m以浅海域内[100]，海草分布的主要区域是6m以浅范围，最深可分布在水下90m处[101]。

海草起源于陆地被子植物，是地球上唯一一类可完全生活在海水中的高等被子植物，从潮间带到潮下带皆有分布。与陆地高等植物相比，海草的种类极其稀少，全世界共发现6科13属74种。海草床是指由单种或多种海草植物主导的海草生态系统，具有极高的生态服务功能，被誉为"海底森林""海洋之肺""海底草原"。图1.5所示为我国河北曹妃甸海草床。

图 1.5　河北曹妃甸海草床

2. 生态功能

海草床与红树林、珊瑚礁并称为三大典型的近海海洋生态系统，具有重要的生态功能。具体如下：一是栖息地和食物来源供给功能，海草床具有极高的生产力，为众多渔业生物（如刺参、贝类、鱼类、虾蟹等）和草食动物（儒艮、绿海龟、大天鹅等）提供重要的栖息、繁衍和庇护场所，以及是其重要的食物来源。二是净化水质功能，海草床能降低海水中悬浮物的浓度，吸收营养盐，释放氧气，改善海水透明度。三是护堤减灾功能，海草床具有固定底质，减缓波浪与潮汐的作用，是保护海岸的天然屏障。四是气候调节功能，海草床是重要的蓝碳生态系统之一，单位面积净初级生产力也高于森林一倍多，海草床的保护和恢复，被国际社会认为是封存大气中的二氧化碳，应对全球气候变化的重要措施之一。

研究表明，全球海草生长区占海洋总面积的比例不到 0.2%，但其每年封存于海草沉积物中的碳相当于全球海洋碳封存总量的 10% ~ 15%[102]。一般认为 10% 的估算值低估了海草床的固碳贡献水平，因为这一估算值是基于海草沉积物中 0.7% 的平均有机碳含量。但是 Fourqurean 等学者[103] 最近对全球海草分布区 356 个研究站位的统计结果表明，全球海草沉积物有机碳平均含量可达 1.4%，为先前估算值的 2 倍。另据测算，全球海草生态系统的平均固碳速率为 83 g C · m^{-2} · a^{-1}，约为热带雨林的 21 倍。研究表明，全球海草床沉积物有机碳的储量在 9.8 ~ 19.8 Pg C，相当于全球红树林与潮间带盐沼植物沉积物碳储量之和。这是一个比较保守的估算，因为其计算仅基于厚度 1 m 的沉积物层，而通常海草碎屑物层的厚度可达数米甚至超过 10 m。例如，位于西班牙利加特港的大洋波喜荡草（*Posidonia oceanica*）海草床沉积物中的有机碎屑物厚度高达 11.7 m，碳储量达 0.18 t C · m^{-2}[104]；而位于西班牙东部巴利阿里群岛沿岸仅 6.7 × 10^4 hm^2 的大洋波喜荡草海草床，其沉积物碳储量高达 0.42 t C · m^{-2}，可吸收巴利阿里群岛 2006 年全年碳排放量的 8.7%。基于其约 4 m 厚度的海草碎屑物沉积层进行推算，埋存于该群岛海草床下的总碳储量相当于全岛约一个世纪的碳排放总量[105]。仅从碳汇角度来考虑，以西班牙巴利阿里群岛大洋波喜荡草海草床为例，保护好海草床所获得的经济价值是相同面积热带雨林的 35 倍。

3. 分布现状

我国历史上记录到的海草种类最多时达 4 科 10 属 22 种，占世界海草物种数的 30%[106]。截至 2021 年，我国海草种类仅发现 4 科 9 属 16 种，包括鳗草科、水鳖科、丝粉草科、川蔓草科[107]。其中，鳗草和日本鳗草为温带海域海草优势种，泰来草、海菖蒲、贝克喜盐草和卵叶喜盐草为热带—亚热带海域海草优势种[108]。

根据中科院海洋所"我国近海重要海草资源及生境调查（2015—2021 年）"国家科技基础性工作专项结果，目前在我国近海海域的海草床面积为 26 495.69 hm^2，其中辽宁省为 3 205.47 hm^2、河北省为 9 170.56 hm^2、天津为 466.00 hm^2、山东省为

4 192.93 hm^2、福建省为 469.78 hm^2、广东省为 1 537.71 hm^2、广西为 665.46 hm^2 以及海南省为 6 727.73 hm^2。主要分布区域包括辽宁大连林阳北海和葫芦岛兴城，河北唐山乐亭—曹妃甸，山东东营黄河三角洲、威海天鹅湖和青岛青岛湾，广东义丰溪和流沙湾，广西防城港，海南新村湾和黎安港等[109]。有研究结果显示，河北唐山沿海海域现存海草床面积约为 3 217 hm^2，为目前中国面积最大的海草床。

4. 健康评价方法

海草床生态系统，是指在近岸浅水区域沙质或泥质海底生长的高等植物海草群落，以及其他生物群落与环境所构成的统一自然整体[110]。生态系统健康评价是目前生态与环境领域的研究热点之一，是对生态系统状态特征的一种系统诊断方式[111]。研究方法一般包括指示物种法和指标体系法[112]两类，指示物种法简便易行，但由于指示物种的筛选标准及其对生态系统健康指示作用的强弱不明确，难以全面反映生态系统的健康状况；指标体系法根据生态系统的特征及其服务功能建立指标体系进行定量评价，是目前区域生态系统健康评价的主要方法[113]，见表 1.6。

表 1.6 美国墨西哥湾海草床评价指标体系

关键属性	生态指标	良好	一般	差
水质	透明度—表面辐照度百分率	>30%	20%~30%	<20%
	泥沙负荷—总悬浮物	<15 mg·L^{-1}	15~25 mg·L^{-1}	>25 mg·L^{-1}
	浮游植物生物量—叶绿素 a（碎屑）	0~10 μg·L^{-1}	10~25 μg·L^{-1}	>25 μg·L^{-1}
	浮游植物生物量—叶绿素 a（碳酸盐）	0~1 μg·L^{-1}	1~3 μg·L^{-1}	>3 μg·L^{-1}
丰度	分布范围年际变化	增加 0~25%	下降 <25%	下降 >25%
	覆盖率年际变化（>50%）	增加 0~25%	下降 <25%	下降 >25%
	覆盖率年际变化（<50%）	下降 <10%	—	下降 >10%
植物群落结构	海草种类组成—优势种指数年际变化	没变化或增加	下降 <25%	下降 >25%
形态	芽异速生长—叶长、叶宽年际变化	<10%	10%~25%	>25%
化学成分	营养盐浓度—营养盐限制指数	0~±1	±1~2.5	>±2.5
	稳定同位素比值/^{13}C 和 ^{15}N 年际变化	<0.5‰	0.5‰~1.0‰	>1.0‰
次级生产量	扇贝丰度/扇贝密度	>0.4 ind.·m^{-2}	0.1~0.4 ind.·m^{-2}	<0.1 ind.·m^{-2}

资料来源：FOURQUREAN J W, CAI Y. Arsenic and phosphorus in seagrass leaves from the Gulf of Mexico [J]. Aquatic Botany, 2001, 71 (4): 247-258.

目前，国内许多科研工作者对湖泊[114]、流域[115]、湿地[116]、森林[117]等生态系统进行了生态系统健康评价[118-119]，也有李会民[120]、杨建强[121]、叶属峰[122]等学者对区域海洋生态系统健康进行了评价。近年来，国外学者对海草床生态学方面的研究主要涉及海草的时空分布[123]、环境指示[124]、重金属富集[125]、水质净化[126]、淡水—河口—海洋水域环境差异[127]、食物链[128]、栖息地[129]、能量及物质循环[130]、指示生物儒艮对海草群落退化的反映[131]等方面。国内海草生态方面的研究起步较晚，主要有杨宗岱、周毅、黄小平[132]、范航清[133]及韩秋影[134]等人对海草种类、生态特征、系统修复等进行了系统研究，但生态系统健康评价方面的研究少有报道。

1.1.2.3 红树林生态健康评价

1. 概念及特点

红树林是生长在热带、亚热带海岸潮间带，以红树植物为主体的木本植物群落，其根系发达，能在海水中生长。虽然红树林的面积不足全球热带森林的 1%，却是地球上生物多样性和生产力最高的海洋生态系统之一，也是生态服务功能最高的生态系统之一，享有"蓝碳明星""天然物种库""海岸卫士"的美誉，具有重要的生态、社会和经济价值[135]。

据调查，世界各国的红树林总面积为 1.52×10^6 hm²，占全球森林总面积的千分之四[136]，现有红树林树种 16 科 24 属 84 种（包括 12 个变种）[137]。C. Giri 等人调查了全球热带和亚热带地区 118 个国家的红树林分布情况，其中大约有 75% 的红树林主要分布在 15 个国家，大部分的红树林分布在南北纬 5°之间。我国红树林的面积仅有 2.3×10^5 hm²[138]，现有半红树植物 12 种，真红树植物 26 种，共 38 种，主要分布于东南沿海热带、亚热带海岸港湾、河口湾等区域[139]。

红树林作为连接陆地和海洋的重要的滨海生态交错带，被认为是潜在的碳库[140]，其每年的固碳量高达 2.55×10^8 t[141]。有国外学者调查了孙德尔本斯国家公园红树林的碳储量，虽然面积只有不到 5 000 km²，但其总碳储量约占当地总碳储量的 1/6。[142]因红树林具备极强的固碳能力，其对于全世界碳循环平衡具有重要的作用[143]。然而，随着包括红树林在内的湿地生态系统退化，每年有 $0.15 \times 10^8 \sim 1.02 \times 10^8$ t 的二氧化碳气体被排放[144]。

随着经济的发展，由于沿海开发、水产养殖业的发展、木材的采伐和燃料生产等，全球的红树林资源在过去的数十年间呈现逐渐衰减的趋势，据估算全球 26% 的红树林正在退化[145]，有 11 种红树林树种面临灭绝的威胁[146]。Alongi 等的研究表明由于全球气候变化可能会导致全球 10% ~ 15% 的红树林消失[147]。

2. 生态功能

在陆地与海洋交界带，红树林维持了一个食物链复杂的高生产力系统，是物种基因和资源的宝库。红树林有着完整的生态循环系统，在潮水一涨一退之间，维系了来自陆地和海洋的信息、物质、能量交流。

红树林是最富有生物多样性、生产力最高的海洋生态系统之一，红树林生长茂密的地方蕴含着丰富的渔业资源。此外，红树林中丰富的鱼类，吸引着活动于此的鸟类前来觅食；红树林下的底栖动物也非常丰富，吸引了鹭类、鹬类等潜藏其中；红树林上层，枝繁叶茂，很多种类的红树一年四季开花，招引了大量的昆虫，为太阳鸟、啄花鸟、绣眼瞪林鸟提供食物；傍晚归巢的鹭鸟、椋鸟也多喜欢在红树林里休息。优良的环境、适宜的气候、丰富的食物，使得红树林成为候鸟迁徙的"落脚点"和"加油站"。

红树林的另一重要生态效益是它的防风消浪、促淤保滩、固岸护堤、净化海水和空气的功能[148]。盘根错节的发达根系能有效地滞留陆地来沙，减少近岸海域的含沙量；茂密高大的枝体宛如一道道绿色长城，有效抵御风浪袭击。

红树林不仅有很高的生态价值、科研价值、观赏价值，还具有较强的医药功能。在红树林种系中，一些红树品种的果实可供食用。例如，果实成熟后像茄子的秋茄；果实如椰子、果仁可食的水椰；树皮可以止血、通便、治疗恶疮的角果木；木材燃烧能散发沉香味、具有白色乳汁的"牛奶红树"；等等。

红树林生态系统具有重要的碳汇作用[149]。可以通过测定红树林的净初级生产力估算其碳汇能力。泥炭湿地在积水状态下是碳汇生态系统，一旦缺水干涸就会释放有机碳，由碳汇转变为碳源。[150]红树林既是碳源也是碳汇，能够吸收和释放二氧化碳。红树林年固碳的80%以上，还要排放回大气。[151]环境条件的变化会增强红树林土壤的碳排放，常年积水、季节性积水和无积水条件下红树林土壤释放的碳量依次为 $0.54\ t\ C \cdot hm^{-2} \cdot a^{-1}$、$1.89\ t\ C \cdot hm^{-2} \cdot a^{-1}$ 和 $2.53\ t\ C \cdot hm^{-2} \cdot a^{-1}$。[152]如果红树林遭到破坏，红树林高的碳储量则可能成为一个大的碳源。全球红树林每年由于砍伐导致的碳排放在 $0.02 \sim 0.12\ Pg$，是全球森林砍伐碳排放量的1/10。

3. 分布现状

中国的红树林地处全球红树林分布的北缘，分布于海南、广东、广西、福建、浙江及香港、澳门和台湾等8省区，介于海南的榆林港（18°09′N）至福建福鼎的沙埕湾（27°20′N）之间，而人工引种的北界是浙江乐清西门岛（28°25′N）。[153]

受低温的限制，与全球红树林分布中心东南亚国家相比，我国红树植物种类较少，且随着纬度的升高，红树植物种类逐渐减少。海南省红树植物种类最多，有 26 种真红树植物和 11 种半红树植物；广东次之，真红树植物和半红树植物分别为 12 种和 10 种；福建真红树植物和半红树植物分别为 7 种和 4 种；浙江只有引种的秋茄 1 种。

20 世纪 50 年代初，中国有近 50 000 hm² 的红树林。经历了 60—70 年代的围海造田、80—90 年代的围塘养殖和 90 年代以来的城市化及港口码头建设，中国红树林面积急剧减少至 2000 年的 22 000 hm²，仅为 20 世纪 50 年代初的 45%。21 世纪以来，中国政府高度重视红树林的保护和恢复。通过严格保护和大规模人工造林，中国成功遏制住了红树林面积急剧下降的趋势，红树林面积增加至 2019 年的 30 000 hm²，年均增加 1.8%，成为世界上少数红树林面积净增加的国家之一。[153]

4. 健康评价方法

当前，红树林生态系统健康研究还是以指标体系法为主。依托压力—状态—响应（PSR）模型，在环境和生物群落方面构建指标体系。[154] 具体指标包括红树林植物群落结构特征指标、生物安全性指标、群落稳定性指标、生境理化性指标以及生物因子指标。[155] 红树林湿地生态系统健康诊断方法包括指示物种法、结构功能指标法、生态系统失调综合征诊断法、生态系统健康风险评估法、生态脆弱性和稳定性评价法以及生态功能评价法。[156] Aguirre 等通过调查研究，开发出一种适宜的多生物标记方法，用于红树林覆盖的加勒比沿海生态系统的污染监测[157]；Chen 等为对中国湛江红树林生态系统的健康进行整体评估，对大型底栖动物群落的健康状况进行了比较[158]；Datta 等通过定量植被调查评估由不同机构管理的印度桑德班三个红树林区的健康状况[159]。

红树林生态系统健康水平综合评价是运用各种数学方法对其系统进行整体性、全局性的评价，即通过对多个指标信息的赋权，得到其优劣排序的一种评价方法[160]。随着数理统计等相关领域研究的不断深入及计算机技术的发展，指标综合评价的方法越来越多。常用方法有层次分析法、熵权法和模糊综合评价法。如王玉图等基于 PSR 模型并结合层次分析法，依据综合健康指数值对广东省红树林进行了健康水平评价[161]；王树功等利用试验监测、遥感影像以及社会经济数据，结合 PSR 模型及综合评价模型探究了珠江口淇澳岛红树林湿地的生态系统健康状况。[162]

红树林生态系统健康评价的主要目的是判断其生态群落是否健康、能否正常发挥生态功能，同时识别出红树林生态系统存在的主要问题和受危害程度[163]，为管理部门制定保护政策提供科学依据[164]。目前，国内外主要采用指示物种法[165]和指标体系法[166]，评价红树林健康状况。

1）指示物种法

指示物种法是通过单一物种或种群指示生态环境健康状况[167]。通过监测指示物种的密度、生物量、出现频率等反映生态系统的健康等级[168]。红树林常用指标生物为林蛙、小白鹭、黄嘴白鹭、青蟹等生物。[169]综合来看，指示物种法具有简单、便捷、快速、工作量小、成本低的特点，但也存在诸多困难：例如所选的指示物种是否具有代表性，指示的效果是否显著和稳定，是否有利于识别红树林生态系统存在的具体问题。

2）指标体系法

指标体系法是构建能够反映生态系统结构和功能的特征指标体系，通过单因子评价和综合评估，确定红树林生态系统的健康指数，以此来度量健康水平。Zaldívar-Jiménez 等建立了墨西哥湾、红树林的修复评价体系[170]，见表 1.7。由于环境背景和研究目的的差异，为进行更深入、更系统的指标体系研究，需要构建整体的评价模型，将湿地类型所具有的共性提取出来进行指标的确定[171]。李双喜等[172]从自然环境和社会两方面选取 10 个指标建立生态清洁小流域后评价指标体系，从而为生态清洁小流域后期建设作指导；Wang 等[173]为评估陆海协调系统的发展，从经济发展、服务体系、资源环境 3 个角度筛选 26 个指标构建了陆海协调系统发展指标体系；Sun B. 等[174]运用层次分析法和模糊综合评价法，评价了胶州湾湿地健康状况。遥感技术在红树林研究中已得到广泛应用，如在红树林分类、分区划界，监测红树林动态变化及制图[175]，测定红树林密度、面积分布[176]方面取得了一定成果，并将雷达遥感和基于 TM 影像遥感应用于红树林生物量的测定之中。此外，还有国内学者利用 GIS 技术，构建洪泽湖湿地健康评价模型。[177]

表 1.7　美国墨西哥湾红树林生态评价指标体系

功能和服务	主要生态因子或服务	关键生态属性或服务	指　标
可持续/ 生态完整性	非生物因子	最低温度	—
		土壤物理化学	—
		水文环境	富营养化/全流域营养负荷（总氮，总磷）
			连接性/多指标

续表

功能和服务	主要生态因子或服务	关键生态属性或服务	指 标
可持续/ 生态完整性	生态系统结构	植物群落结构	保持健康/树叶透明度
			再生潜力/繁殖，幼苗，幼树
		地貌结构	土地聚合/聚合指数
			土地覆盖变化/土地覆盖变化率
		微生物群落结构	
	生态系统功能	高程变化	淹没脆弱性/湿地相对海平面上升 及淹没脆弱性指数
		主要产业	—
		分解	—
		第二产业	鱼类栖息地/鳉鱼物种多样性入侵 物种/存在（多物种）
		生物地球化学循环	—
生态服务	供养	栖息地	大型底栖动物种群状况/幼鱼密度
	供给	食物	在墨西哥湾各州和/或联邦水域的 鲷鱼—石斑鱼复合商业渔业状况/ 灰鲷鱼密度和灰鲷鱼年商业上岸 重量
	调节	海岸防护	减少侵蚀/海岸线变化
		水质	养分减少/全流域养分负荷（总氮， 总磷）
		固碳	土壤碳储量/红树林高度
	文化	娱乐	休闲渔业/幼鱼密度

资料来源：ZALDÍVAR – JIMÉNEZ A，LADRÓN – DE – GUEVARA – PORRAS P，PÉREZ – CEBALLOS R，et al. US – Mexico Joint Gulf of Mexico large marine ecosystem – based assessment and management：experience in community involvement and mangrove wetland restoration in Términos la – goon，Mexico. Environmental Development，2017（22）：206 – 213.

2011 年，美国发布《2011 美国湿地状况评估报告》[178]，报告采用植被指标评估湿地状况，将其分为良好、一般和较差三种类型。压力指标包括物理、化学和生物三大类，其中物理指标 6 个、化学指标 3 个、生物指标 1 个，见表 1.8。

表 1.8　美国湿地状况评估指标

分　类	指　标	描　述
生物状况	植被多元指数	包括与植物丰度、自然状态和对干扰的耐受性有关的 4 个指标
物理压力—植被变化	植被清除	与植被的丧失、迁移或破坏有关的野外观察（例如：移动，修剪灌木，使用除草剂，高度放牧的草，最近烧毁的森林）
物理压力—植被变化	植被替换	由于人类活动导致的植物物种变化的野外观察（例如：树木种植园，高尔夫球场，草坪/公园，行间作物，牧草/干草，牧场）
物理应力—水文变化	筑坝	有关贮存或阻止水从工地流出或在工地内流出的实地观察（例如：堤坝，水坝，护堤，铁路路基）
物理应力—水文变化	开沟	现场排水观察（沟渠、波纹管、挖掘疏浚）
物理应力—水文变化	硬化	与土壤压实有关的野外观察，包括主要导致土壤硬化的活动和基础设施（例如：道路，郊区住宅开发）
物理应力—水文变化	填充/侵蚀	与土壤侵蚀或沉积有关的野外观测（例如：土壤流失/根系裸露，填满/破坏河岸，新沉积的沉积物）
化学压力	重金属指标	由土壤样品中 12 种与人为活动密切相关的重金属组成〔锑（Sb）、镉（Cd）、铬（Cr）、钴（Co）、铜（Cu）、铅（Pb）、镍（Ni）、银（Ag）、锡（Sn）、钨（W）、钒（V）、锌（Zn）〕
化学压力	土壤磷含量	土壤样品中磷的浓度
化学压力	微囊藻毒素	复合水、沉积物和地表植被样品中微囊藻毒素的浓度
生物压力	外来植物胁迫指数	由与外来植物的存在和丰度相关的 3 个指标组成

资料来源：US Environmental Protection Agency（USEPA）. National Wetland Condition Assessment 2011：A Collaborative Survey of the Nation's Wetlands〔R〕. EPA 843 R 15 005，2016.

1.1.2.4　河口和海湾生态系统

1. 概念及特点

　　河口是地球上两大水域生态系统之间的交替区，受不同的河口类型以及河口所处地域气候或地质差异的影响，河口区域环境复杂，且有很大的变动。入海河流受到潮汐作用的那一段河段，又称感潮河段。其与一般河流最显著的区别是常受到潮汐的影响[179]。河口也被称作港口、海湾、海峡、盐沼、湿地、水湾、沿岸湖、潟湖等。[180]

海湾是洋或海延伸进大陆且深度逐渐减小的水域，一般以入口处海角之间的连线或入口处的等深线作为海与洋的分界[181]。

2. 生态功能

河口生态功能包括两种不同的形式，一种是自然价值，另一种是人为价值。[182]

1）自然价值

河口生态系统可作为鱼类栖息地、产卵和孵育场所；鸟类和当地动物栖息地与繁育地；营养盐循环场所；由盐沼和红树林所提供的陆地与海洋的自然缓冲带；通过灌木、盐沼和红树林湿地沉积及营养盐过滤为河口及近岸地区输送清洁的水。河口所提供自然价值的质量取决于人类对河口生态健康的维护、人类开发活动的强度。通过确定河口的自然价值，就可以确定其生态系统是否值得保护。

2）人为价值

人为价值是建立在自然价值的基础上的（例如航运活动所需的深水区和航道，工业和城市发展要求的海岸线保护，污水的处置和排放，以及吸引旅游者的自然景观），通常需要通过改建（例如，港口需要通过疏浚来达到航运目的）以适应新的资源使用方式。没有健康的生态系统，某些人为价值仍可以发挥作用；但可能会对生态系统造成一定程度的破坏，从而减损自然价值及其他的人为价值。

3. 分布现状

海纳百川，我国入海河流众多。北起鸭绿江口，南至北仑河，中间的主要河流包括黄河、长江、珠江、辽河、滦河、海河、淮河、钱塘江、九龙江等。面积大于 $10~km^2$ 的海湾有 160 多个，包括辽东湾、渤海湾、莱州湾、杭州湾、乐清湾、兴化湾、湄州湾、泉州湾、大亚湾、大鹏湾、雷州湾等。

根据生态环境部发布的《中国海洋生态环境状况公报》[183]显示：我国河口海湾存在的环境问题主要包括水质污染和生态系统不健康等。2020 年，我国部分入海河口和海湾水质仍待改善，近岸海域劣四类水质面积同比增加 1 730 km^2，超标指标主要为无机氮和活性磷酸盐。监测的多数河口和海湾生态系统仍处于亚健康状态。此外，化学需氧量、高锰酸盐指数和总磷等指标偶有超标，个别站位的总磷、悬浮物和五日生化需氧量等指标存在超标情况。

4. 我国美丽海湾建设实践

美丽海湾建设是美丽中国在海洋生态环境领域的集中体现和重要载体，也是加快建设海洋强国的必然要求和重点任务，是新时期海洋生态文明建设的重要实践。2021 年 4 月，习近平总书记在第十八届中央政治局第二十九次集体学习时的重要讲话中强调要"建设美丽海湾"，这为美丽海湾建设提供了根本遵循和方向指引。

为深入贯彻习近平总书记关于海洋生态环保工作的重要指示和生态环境部党组有关美丽海湾建设要求，由国家海洋环境监测中心牵头起草《"十四五"海洋生态环境保护规划》工作正式启动，明确提出要构建"国家（海区）—省—地市—海湾（湾区）"四级规划体系，并强调在"十四五"乃至今后一段时期的海洋生态环境保护工作，要聚焦建设美丽海湾的主题主线，推动海洋生态环境质量持续改善和美丽海湾示范引领。

为进一步明确美丽海湾建设的重点方向和基本要求，生态环境部先后印发了《美丽海湾建设基本要求》[184] 及《美丽海湾建设参考指标（试行）》[185]，聚焦海湾生态环境质量、人民群众感受，提出了 5 类核心环境指标，以期早日实现"水清滩净、鱼鸥翔集、人海和谐"的美丽海湾建设目标。目前，全国近岸海域共划定 283 个海湾。2022 年至今，生态环境部已发布了第一、第二批共 20 个美丽海湾优秀案例。

5. 健康评价方法

河口、海湾区域在很多情况下是根据管理职能和地域来选择与划分的，而不是根据严格的学科定义来确定的。因此，它所涵盖的是我们通常所指的河口和近岸水体。从这个意义上讲，河口、海湾的评价主要还是依据评价指标体系来综合表征，从而有利于管理。澳大利亚河口与海岸评估体系[186]，是基于"压力—状态—响应"的评价体系，主要以河口区域水动力、生境变化、生物群落指标为主，尽量做到评价定量化，见表 1.9。评价中的"状态"是依据生态系统健康的观点，而不是任何对河口进行开发利用的个人或者团体的观点。对健康生态系统的解释是可支持多种有益的开发利用。河口生态系统评价的目的是找出存在问题的河口。该评价体系从总体上描述了澳大利亚河口的健康状况。但是，该评价方法也存在一定的局限性：评价指标多为定性指标，因此评价方法主要是基于专家的判断，具有很强的主观性；多数情况下，能参与评价的指标很少甚至没有数据支持；由于各地方独立开展评价，因此在判定河口是否属于接近原始状态时，在国家尺度上缺少一致性；评价标准的重点集中在流域的特征上。

表 1.9　澳大利亚判断河口状态改变程度的方法和标准

分　类	自然特征	状　态
接近原始状态（由于重视保护其自然价值，这些河口一般被认为状态极好。作为判断其他河口状态的对照区）	流域自然覆盖率	>90%
	土地利用	道路有限，对自然状态和活动的影响也有限
	流域水文	无堤坝，几乎无水的抽取
	潮汐	潮流无障碍，自然岸段的形态未发生改变
	漫滩	湿地植被及水文条件完好，潮流形式未发生改变
	河口使用	仅限于本地的或有限的具可持续性的商业及娱乐性捕鱼，无养殖
	害虫和杂草	流域的杂草，河口内有限的害虫和杂草，对河口造成的影响最小
	河口生态	生态系统及其过程完整（例如底栖动植物群落）
状态基本未发生改变（这些河口被认为状态较好，但是流域和河口在一定程度上被开发）	流域自然覆盖率	65%～90%
	土地利用	无由于土地利用导致的影响，如水道和河口的沉积作用
	流域水文	无堤坝或者明显的截留水，有部分水的抽取
	潮汐	潮流未见明显障碍或者自然形态未明显改变
	漫滩	湿地植被及水文几乎未发生改变，注水系统未发生改变
	河口利用	仅限于具可持续性的商业和娱乐性捕鱼，养殖较少
	害虫和杂草	流域的水草、河口内有限的害虫和水草对河口造成的影响最小
	河口生态	生态系统及其过程基本完整（如底栖动植物群落仅发生部分改变）
状态发生改变（由于来自流域及河口的综合压力，这些河口一般存在一些问题）	流域自然覆盖率	<65%
	土地利用	土地利用带来明显的影响，如沉积作用和营养盐输入
	流域水文	堤坝及截留水，大量水的抽取改变自然流动
	潮汐	潮流障碍，或者自然形态发生改变，例如堤坝、人工入口
	漫滩	湿地植被几乎完全消失，或者水文状况发生改变，例如排水、潮汐、拦河坝、防洪堤等
	河口利用	包括疏浚、大范围的养殖、改变栖息地的捕鱼方式，例如拖网捕虾
	害虫和杂草	流域的杂草明显影响河口的状况，河口内的害虫和杂草影响河口生态系统
	河口生态	生态系统及其活动改变（例如底栖动植物群落的缺失）

分　类	自然特征	状　态
状态发生较大改变（由于来自流域、水道及河口内的综合压力，这些河口一般存在多种问题。恢复工作和行动具有重大价值，其花费也是极为昂贵）	流域自然覆盖率	<35%
	土地利用	土地利用对整个水道及河口都有明显的影响
	流域水文	堤坝及截流水，大量的抽取改变了自然流动
	潮汐	潮流发生较大改变，或者自然形态发生重大改变
	漫滩	湿地植被几乎完全消失，或者水文状况发生改变，例如淡水湿地及盐沼滩涂的丧失
	河口利用	包括疏浚、大范围的养殖、改变栖息地的捕鱼方式，例如拖网捕虾
	害虫和杂草	流域的杂草明显影响河口，河口内害虫和杂草影响河口生态
	河口生态	生态系统及其活动退化（例如栖息地和物种集合）

澳大利亚河口质量状况评价体系基于"压力—状态—响应"模型，采取定性和定量相结合的方式，建立了判断河口状态改变程度的方法和状态分级标准，并给出了不同类别的权重，详见表 1.10。

表 1.10　澳大利亚河口的"压力—状态—响应"评价方法

状态分级	生态系统完整性指数（70%）水/沉积物质量指数（10%）鱼类健康指数（10%）栖息地状态指数（10%）	接近原始状态	状态基本未发生改变	状态发生改变	状态发生较大改变
压力分级	开发利用指数（50%）敏感指数（50%）	低—无压力	低—中压力	中—高压力	高—非常高压力
响应	根据制度安排、管理行动及社会团体的行动进行评述，但没有评分				

由于海湾特殊的地理位置和环境状况，海湾监测面临较大的困难：①海湾流域面积大，确定监测指标、监测站点及监测频率十分不易。②污染来源广泛，进入海湾的河流众多，每年排放的水中含有各种污染物。污染物还可通过大气、地表径流及其他来源进入海湾。如何有效地确定、量化或修复污染是极具挑战意义的。③人口增长，土地和水资源正面临着巨大的压力。监测计划必须不断地对新的环境问题做出回应。④资源管理共享问题，各地方政府部门面临着合作交流时资源共享的问题，在管理优先权上存在着分歧。

因此，海湾评价既有指示生物法，也有评价体系法。1993 年起，通过分析测定紫贻贝（*Mytilus edulis*）体内的污染物，来评估缅因湾近岸水体中污染物的种类和浓度。[187]加夫湾监测计划是监测整个海湾的化学污染，以紫贻贝作为指示生物，[188]来确定海湾中的污染状况，其监测指标见表 1.11。从 1991 年开始到现在，该计划本质上没有变化，但是也在进行调整，以适应当前管理形势的要求。除此以外，缅因湾正在开展的项目还有生物多样性、栖息地、环境模型，以及其他有助于认识环境质量和生态系统健康的主题研究等。

表 1.11　加夫湾紫贻贝监测指标名录

类　别	指　标
重金属	银、镉、铅、镍、铜、铬、锌、铁、铝、汞
农药	六氯苯、林丹、七氯、艾氏剂、环氧七氯、顺-氯丹、反式-九氯、狄氏剂、灭蚁灵、a-硫丹、b-硫丹、o, p'-DDE、p, p-DDE、o, p'-DDD、p, p-DDD、o, p'-DDT、p, p-DDT
多氯联苯	PCB 8、PCB 18、PCB 28、PCB 29、PCB 44、PCB 50、PCB 52、PCB 66、PCB 77、PCB 87、PCB 101、PCB 105、PCB 118、PCB 128、PCB 138、PCB 153、PCB 154、PCB 170、PCB 180、PCB 187、PCB 195、PCB 206、PCB 209
多环芳烃	萘、1-甲基萘、2-甲基萘、联苯、2,6-二甲基萘、苊烯、苊、三甲基萘、芴、菲、蒽、1-甲菲、荧蒽、芘、苯并 [a] 蒽、屈、苯并 [b] 荧蒽、苯并 [k] 荧蒽、苯并 [e] 芘、苯并 [a] 芘、菲、茚并 [1,2,3-cd] 芘、二苯并 [a, h] 蒽、苯并 [g, h, i] 苝

欧盟水框架指令（WFD）工作包含大量的监测和评价工作[189]，以支持水资源管理系统的有效运行，这是为实现"良好的水生态环境状态"的重要工作内容之一[190]。对欧洲各成员国地表水进行统一分类，确定每种类型的背景环境条件和各质量状态级别之间的阈值，建立适宜的有针对性的监测体系，采用统一的标准和方法评估水体不同的质量状态等级，得到水质状态分布图，上述工作对于环境管理对策的实施和水体状态的改善具有重要意义[191]。

首先，其对河口水体和近岸海水进行了定义，河口水体是指河口附近的地表水体，有一定的盐度，受淡水和海水的双重影响。近岸海水是指靠向陆一侧的海水，从领海基线（大致相当于海岸线）起算向海 1 海里的距离范围内的水体，并且一直延伸到河口水体的外边界上。[192]

图 1.6 和图 1.7 详细地说明了河口水水体和近岸海水水体质量要素及其监测指标的筛选及要点[193]，其中包括必选指标和可选（推荐）指标，各质量要素的指示作用、可变性及其来源、优缺点、采样方法、采样尺寸、难易程度和在各国的应用情况等。

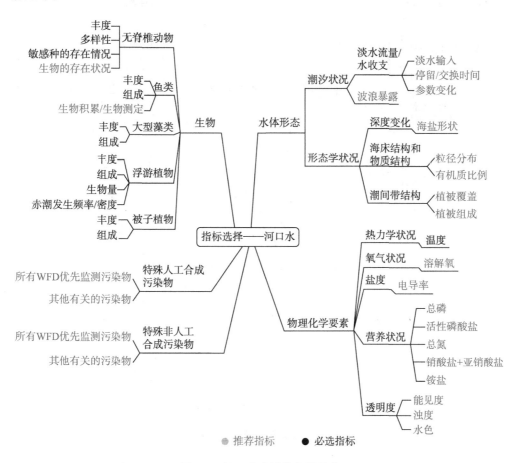

图 1.6　河口水水质指标的筛选

通过确定质量要素和监测指标[194]，并将监测指标测定结果与相关的背景值作比较，然后根据互校后的分级阈值就可以将每一个参数的各个指标定级：优良、良好、中等、较差或极差。生物参数是十分重要的，生物参数应该是化学质量优劣充分和全面的指示参数。具体如何对生物和物理化学质量参数不同指标的数据集进行综合评价，目前尚无定论。当某个质量要素所有的或部分指标达到或在好的状态水平之上时，状态是否可被评定为优良或良好？或者需要用最差的要素来决定生态质量状态级别？一年内所有的样品均处于良好的状态，还是达到一定比例，就可以认为该指标为良好？这些问题都有待于进一步研究，最终形成一套适用于各国水体的比较完善的评价体系。

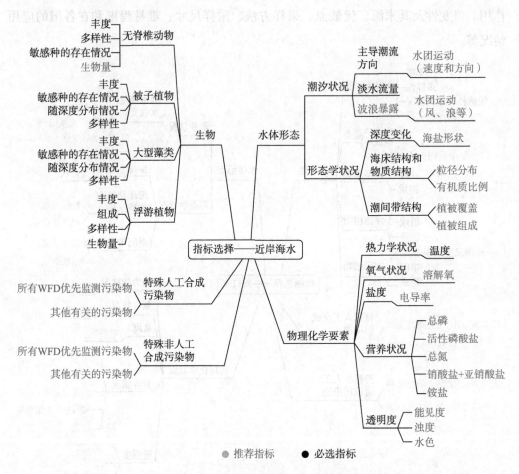

图1.7　近岸海水水质指标的筛选

大西洋海岸环境指标合作研究组（ACEINC）主要针对美国大西洋沿岸的四个具有代表性的不同河口系统的生态状况、完整性和可持续发展，建立可广泛应用的综合评价指标体系。这四个河口系统包括：切萨皮克湾、阿尔贝麦克—帕姆丽卡湾、帕克河口、北河湾。这些区域代表了潮间带湿地、浮游生物、海草三种初级生产力源。在这些区域还有正在进行的长期水质或栖息地监测计划，每一个系统都既有保持着纯净状态的水体，也有受到污染的水体，为监测指标的建立和验证提供了可靠数据。

因为不同类型的海岸系统对人类活动或自然变动的影响的反应可能不同，这就需要一个评价体系来评估各种类型的海岸系统的现状，并预测其反应和变化。大西洋海岸环境指标合作研究组一直致力于创建简洁准确的表示方法，用主要变量表示生态系统的功能和健康状况，进而研究生态系统健康状况的变化趋势。并在全国和区域范围的多种生态系统中，利用几项指标来预测人类活动同自然变化之间的关系。大西洋海岸环境指标合作研究组用简单实用的方式，从众多指标物中选定一项指标作为一种能传递复杂信息的信号或标志。在特征研究的基础上，一项生态指标也可以用来判定生态系统的主要影响因素。尽管在全国上千个站位进行了大量的监测工作，在生态指标的确定方面也开展了大量的工作，但现阶段仍缺乏全国和区域范围的有效生态指标。

1.1.3 海洋生态健康评价存在的问题

1. 评价指标体系有待完善

海洋是一个联通的系统，既有相似性，也有复杂性，既有受地理因素约束导致其具有明显的区域特征，也有受人类活动影响导致的不同污染压力。因此，构建一套普适性强、又能体现差异性的指标体系有很大的难度，也一直困扰着科研人员和海洋管理部门的工作人员。目前，海洋典型生态系统的评估指标体系还是基于环境、社会经济、人类活动影响、生态等指标构建。然而，影响水质和生物分布的水动力指标、为生态系统提供景观服务功能的指标、为人类提供食物供给的食品健康类指标，以及保障海洋和海岸带生态功能的公共安全指标等，尚未被纳入评价指标体系中，这不利于通过健康评价识别主要环境问题、分析影响因素，不利于管理部门制定有针对性的海洋保护、修复政策。

2. 评价方法比较单一

当前，海洋生态系统健康评价的方法相对单一，普遍采用指示生物法和指标体系法。在评价方法的构建方面，主要还是基于"压力—状态—响应"模型，设计指标的类型和层次，计算综合评价指数。然而，所获得的评价结果局限于设计者的主观意识，在分析、评价过程中存在主观性强的问题，不能充分表征复杂、系统、完整的生态系统特点，导致综合评价结论不准确。尤其是在红树林、海草床、珊瑚礁等特点鲜明的典型海洋生态系统的健康评价中，评价指标的筛选、权重的确定、综合评价模型的构建有待优化和完善。

3. 评价标准研究比较缺乏

我国海域面积为 $3 \times 10^6 \ km^2$，大陆岸线为 $1.8 \times 10^4 \ km$，各个海域环境背景和自然状况差异显著，海洋生态健康评价基准值如果使用同一套标准，就无法真实反映环境的健康状况。同时，海洋不同于陆地，它是联通的、动态的，这就给海洋领域的生态健康评价增加了更大的难度。我国海洋环境保护工作经历了污染调查、环境监测、生态监测到如今的生态系统健康评价，起步比较晚，历史监测数据有限，开展海洋生态系统健康评估基准值的研究难上加难。尤其是结合不同海域环境资源禀赋、因地制宜、有的放矢地制定有针对性的基准值并进行示范验证，还有很长的路要走。

1.2　研究目的和主要内容

本书旨在深入探讨近岸典型海洋生态系统的健康评价，明确评价标准和方法，揭示生态系统健康状况及其影响因素，为海洋生态保护与管理提供科学依据。

1.2.1　目的

党的十八大以来，以习近平同志为核心的党中央高度重视生态文明建设，提出了一系列新理念、新思想、新战略，形成了习近平生态文明思想。海洋生态健康状况是海洋生态文明建设成效的重要体现。当前，我国海洋生态环境正遭受着前所未有的强烈扰动，海水养殖、渔业捕捞、围填海、陆源排污、航运、海上倾倒、港口疏浚等人类活动已经导致生产力下降、生物多样性减少、生态景观退化等问题，我国生态文明建设正处于关键期、攻坚期、窗口期，因此开展近岸海洋生态健康评价是履行海洋生态环境监测评价与保护职责、落实全面推进生态文明建设政治任务的一项重要工作，也是落实公众环境知情权、提升管理考核定量化水平的一个重要支撑。

目前，我国现行的海洋生态健康标准已发布实施十余年，经多年的业务化工作实践，相关技术指标和评价标准已难以满足当前的评价需求，本研究重点对指标权重、生物健康状况评价基准等内容进行修订，以适应当前海洋环境保护工作的新发展理念、新发展阶段、新发展格局。同时，优化后的评价方法，将进一步扩大海洋生态健康评价的影响力，有助于海洋管理机构全面掌握我国海洋生态健康状况及变化趋势，识别海洋生态环境问题，为开展"十四五"期间海洋保护和可持续发展提供科学依据，不断推动我国海洋环境保护工作水平再上新台阶。

1.2.2　主要内容

1.2.2.1　海洋生态健康评价方法研究

1. 评价指标的选取

通过研究珊瑚礁、海草床、红树林、河口与海湾等典型海洋生态系统的特点，分析生态系统的结构和功能，梳理水环境、沉积环境、生物质量、栖息地、生物群落等指标的生态学意义。综合运用生态学、生物学、环境科学等多学科理论，制定相应的评价指标体系。

2. 指标权重的确定

采用层次分析法、专家打分等对不同的海洋典型生态系统健康评价指标进行比较研究，确定珊瑚礁、海草床、红树林、河口与海湾等典型海洋生态系统评价指标权重。

3. 评价指标标准值赋值

结合国内现有的海洋环境评价标准、国内外研究文献，以及专家意见，结合全国海洋生态环境趋势性调查与监测数据，确定海洋生态健康评价基准值。

4. 建立健康评价模型

根据典型海洋生态系统特征，结合国内外比较成熟的海洋生态系统健康评价体系，综合运用层次分析法、"压力—状态—响应"模型、生态系统结构和功能模型、数学模型等构建海洋生态健康综合状况评价方法。

5. 确定生态健康分级

根据生态系统健康评价指数的平均值，划定评价生态系统健康状况的依据。

1.2.2.2　典型海洋生态系统健康评价案例研究

综合考虑不同海洋生态系统的资源禀赋、地域特征、空间分布、社会经济、环境质量本底值等，选择有代表性的典型海洋生态系统，开展环境调查，评估生态系统健康状况，进一步验证评价指标体系的合理性，为我国海洋生态系统健康评价提供研究基础；同时，通过识别主要问题及影响因素，提出生态系统保护的对策建议，为我国海洋生态环境保护和管理提供技术支撑，促进海洋生态环境的改善和可持续发展。

珊瑚礁生态系统健康评价

2.1 研究方法

2.1.1 评价指标体系构建

2.1.1.1 评价指标体系构建原则

珊瑚礁海洋典型生态系统健康评价体系构建最重要的是评价指标体系的设计和构建，应遵循以下原则。

1. 可行性原则

近年来，我国海洋生态环境监测评价总体水平显著提升，但较国际先进水平仍有差距。因此在制定标准的过程中，一方面依据我国现有监测能力制定切实可行的监测指标及评价技术标准；另一方面，遵循易于操作、指标代表性强、数据可获得性和可靠性高等原则。[195]生态系统极为复杂，表征生态系统健康的指标多种多样，如自然度、常态、变化、多样性、稳定性、持续性、活力、结构、恢复力等。根据多年业务化工作经验，为全面掌握海洋生态系统的多样性和稳定性，以及生态系统受干扰后的恢复能力和自我调控能力[196]，评价指标体系要选择生态系统结构与功能两类指标进行评价，并充分考虑实际评价的可操作性和普适性，易于推广应用。

2. 科学性原则

评价指标体系要围绕海洋生态健康状况的总体需求[197]，要注重定量与定性相结合。同时要制定生态系统二级指标层的健康状况评价标准，既可通过评价结果掌握生态系统总体健康状况，又能识别生态系统的主要问题，也能评价不同空间尺度的生态健康状况，为研究和解决生态问题提供科学依据和理论支撑。

3. 协调性原则

与相关国家和行业标准协调一致。既有利于管理层面的有效衔接，也有助于统筹考虑和精准制定海洋生态保护与修复措施，形成全国一盘棋，陆海统筹、协同治理的新格局。

2.1.1.2　评价指标筛选

本研究结合我国珊瑚礁生态系统特点、现状、变化趋势、主要问题等，参考USEPA、WFD[198]、《近岸海洋生态健康评价指南》（HY/T 087—2005）提出的生态状况评价方法，通过对珊瑚礁生态系统生态压力、生态效应以及各类指标的生态学意义进行研究分析，科学制定生态健康评价指标体系，具体如下。

珊瑚礁生态系统包括水环境、栖息地和生物群落三大类评价指标，指标及生态学意义见表2.1。

表2.1　珊瑚礁生态系统健康评价指标及生态学意义

	指　标	生态学意义
水环境	pH	水体中二氧化碳含量变化及某些污染物含量增加会导致 pH 值的改变，对生物的生存、生长产生不良影响，还影响生物地化循环
	悬浮物	陆地植被的破坏所导致的水土流失及沿岸开发活动导致水体中悬浮物浓度增加，通过沉积作用，附着在珊瑚礁表面降低了海水透光率，影响了与珊瑚礁共生的虫黄藻对光线的吸收和珊瑚礁的生长，严重会导致珊瑚礁的死亡
	营养盐（N、P）	营养盐含量增加刺激浮游植物生长，浮游生物生物量增加，并且底栖藻类生物量增加，降低了海水的透光率，影响虫黄藻的光合作用及珊瑚礁的生长
	叶绿素 a	富营养化程度增加导致叶绿素含量增加，降低了海水的透光率，影响虫黄藻的光合作用及珊瑚礁的生长

续表

指　标		生态学意义
栖息地	造礁珊瑚覆盖率	环境污染、抛锚、采挖及拖网等均导致珊瑚礁的死亡，致使造礁珊瑚的覆盖率降低，造礁珊瑚覆盖率是评价珊瑚礁健康状况的常用指标
	大型藻类与造礁珊瑚比值	珊瑚礁的退化表现之一为礁区大型海藻覆盖率的增加，珊瑚与海藻在珊瑚礁中互为消长的竞争关系，对珊瑚礁生态系统的结构和组成有重要影响。大型藻类与造礁珊瑚比值变化，可以反映出珊瑚礁生态系统受损或开始恢复，大型海藻指除石灰质、皮壳状钙化藻以外的其他大型海藻
	沙底质覆盖率	珊瑚礁区底质以礁石为主，随着泥沙沉降，沙质底覆盖严重，不利于珊瑚礁群落附着生长
生物群落	硬珊瑚补充量	珊瑚礁的幼体对环境污染较为敏感，其补充量是环境污染非致死效应指标，并可作为珊瑚礁未来健康状况的评价指标
	珊瑚种类数量占比	珊瑚种类组成变化可以反映珊瑚礁生态群落健康状况，鹿角珊瑚属、滨珊瑚属、角孔珊瑚属、盔形珊瑚属的组成比例，保持相对稳定表明珊瑚礁处于健康状态
	珊瑚鱼类密度	珊瑚礁鱼类中的蝴蝶鱼、鹦嘴鱼和石斑鱼对珊瑚礁生态系统有较好的指示作用，其密度变化在一定程度上指示了珊瑚礁生态系统的健康状况。过度捕捞所导致的重要种群的下降，食物链发生改变，珊瑚礁敌害生物数量增加，珊瑚礁退化
	珊瑚礁敌害生物	敌害生物危害珊瑚虫的成长、形成竞争和捕食的关系，对珊瑚礁影响极大，因此通过长棘海星、核果螺、黑皮海绵等敌害生物判断珊瑚礁健康状况具有重要指示作用

2.1.1.3　评价指标权重

层次分析法（The analytic hierarchy process，AHP）是将与决策有关的因子，分解成目标、准则、方案等层次，在此基础之上进行定性和定量分析的决策方法。[199] 在确定指标权重时，使用层次分析法，有助于对复杂的问题本质、影响因素及其内在关系等进行深入分析，利用较少的定量信息使决策的思维过程数学化，从而为多目标、多准则或无结构特性的海洋生态系统评价与保护修复的复杂问题提供简便的决策方法，尤其适合于难以直接、准确评价的生态系统健康状况的情形，可以将主观判断用数量形式表达和处理，把复杂生态环境问题分解成各个组成因素，又将这些因素按支配关系分组，形成了递阶层次结构。[200] 通过两两比较的方法，确定层次中诸因素的相对重要性。然后综合决策者的判断，确定评价指标相对重要性的总排序，其基本方法与步骤如下：

1. 分析系统中各因素之间的关系

应用 AHP 分析决策问题时，需把问题条理化、层次化，构造出一个有层次的结构模型。在这个模型下，复杂问题被分解为元素的组成部分，这些元素又按其属性及关系形成若干层次，上一层次的元素作为准则对下一层次有关元素起支配作用。[201]

2. 构造两两比较判断矩阵

判断矩阵表示针对上一层次某因素而言，本层次与之相关的各因素之间的相对重要性，各元素的值反映了人们对各因素相对重要性的认识，一般采用 1～9 及其倒数的标度[202]，方法见表 2.2。

表2.2 两两比较量化标度判据

标 度	含 义
1	两个因素一样重要
3	A 因素比 B 因素稍微重要
5	A 因素比 B 因素明显重要
7	A 因素比 B 因素强烈重要
9	A 因素比 B 因素绝对重要
2, 4, 6, 8	上述判断的中间值
1～9 的倒数	因素 i 与 j 比较判断 h_{ij}，因素 j 与 i 比较的判断为 $h_{ji} = 1/h_{ij}$

3. 单一准则下元素相对权重的计算

权重的计算方法主要有和法、根法、特征根方法、对数最小二乘法和最小二乘法。其中，和法和根法在精度要求不高的时候可以采用，最小二乘法则由于非线性处理方法使计算较为复杂，所以常用的有特征根方法和对数最小二乘法[203]。本书采用特征根方法计算，其计算步骤如下[204]。

（1）计算矩阵各行各元素乘积，按公式（2.1）计算：

$$m_i = \prod_{i=1}^{n} a_{ij} \quad i = 1, 2, \cdots, n \qquad (2.1)$$

（2）计算 n 次方根，按公式（2.2）计算：

$$\omega_i = \sqrt[n]{m_1} \qquad (2.2)$$

（3）对向量 $W = (W_1, W_2, \cdots, W_n)^\mathrm{T}$ 进行规范化，按公式（2.3）计算：

$$\overline{w}_i = \frac{w_i}{\sum_{j=1}^{n} w_j} \quad j = 1, 2, \cdots, n \tag{2.3}$$

向量 $\overline{w} = (\overline{w}_1, \overline{w}_2, \cdots, \overline{w}_n)^\mathrm{T}$ 即为所求权重向量。

（4）计算矩阵的最大特征值 $\lambda_{\max}$，按公式（2.4）计算：

$$\lambda_{\max} = \frac{1}{n} \sum_{i=1}^{n} \frac{(A\overline{w})_i}{\overline{w}_1} \quad i = 1, 2, \cdots, n \tag{2.4}$$

其中，$(A\overline{w})_i$ 为向量 $A\overline{w}$ 的第 i 个元素。A 为判断矩阵，$A\overline{w}$ 为判断矩阵 A 和向量矩阵 $\overline{w}$ 的积。A 和 $\overline{w}$ 两个矩阵相乘的法则，按公式（2.5）计算：

$$\begin{bmatrix} a_{11} & a_{12} & \cdots & a_{1n} \\ a_{21} & a_{22} & \cdots & a_{2n} \\ \vdots & \vdots & & \vdots \\ a_{m1} & a_{m2} & \cdots & a_{mn} \end{bmatrix} \begin{bmatrix} w_1 \\ w_2 \\ \vdots \\ w_n \end{bmatrix} = \begin{bmatrix} a_{11}w_1 + a_{12}w_2 + \cdots + a_{1n}w_n \\ a_{21}w_1 + a_{22}w_2 + \cdots + a_{2n}w_n \\ \cdots \\ a_{m1}w_1 + a_{m2}w_2 + \cdots + a_{mn}w_n \end{bmatrix} \tag{2.5}$$

4. 一致性检验

计算判断矩阵一致性指标，并检验其一致性。

为检验矩阵的一致性，定义 $CI = \dfrac{\lambda_{\max} - n}{n-1}$，当完全一致时，$CI = 0$；$CI$ 越大，矩阵的一致性越差。对 1～15 阶矩阵，平均随机一致性指标 RI 见表2.3。当阶数 ≤2 时，矩阵具有完全一致性；当阶数 >2 时，$CR = \dfrac{CI}{RI}$ 称为矩阵的随机一致性比例。当 $CR < 0.10$ 时，矩阵具有满意的一致性，否则需重新调整矩阵。[205]

表 2.3　平均随机一致性指标 RI 值

阶数	1	2	3	4	5	6	7	8	9	10	11	12	13	14	15
RI	0	0	0.58	0.90	1.12	1.24	1.32	1.41	1.45	1.49	1.52	1.54	1.56	1.58	1.59

5. 层次总排序的一致性检验

计算同一层次所有因子相对上一层次的相对重要性的权值称为层次总排序。这一过程是从最高层次到最低层次逐层进行计算。假设 A 层次所有要素排序结果分别为 $a_1, a_2, \cdots, a_n$，则可按表2.4的方法计算下一层次 B 中各要素对层次 A 而言的总排序权重值。

表 2.4　总排序权重值计算方法

层次	A_1，A_2，$\cdots$，A_n a_1，a_2，$\cdots$，a_n				层次总排序
B_1	$b_1(1)$	$b_1(2)$	$\cdots$	$b_1(n)$	$\sum\limits_{i=1}^{n} a_i b_1^{(i)}$
B_2	$b_2(1)$	$b_2(2)$	$\cdots$	$b_2(n)$	$\sum\limits_{i=1}^{n} a_i b_2^{(i)}$
$\vdots$	$\vdots$	$\vdots$	$\vdots$	$\vdots$	$\vdots$
B_n	$b_n(1)$	$b_n(2)$	$\cdots$	$b_n(n)$	$\sum\limits_{i=1}^{n} a_i b_n^{(i)}$

对层次总排序需作一致性检验[206]，检验仍像层次总排序那样由高层到低层逐层进行。设 B 层中与 A_j 相关的因素的成对比较判断矩阵在单排序中经一致性检验，求得单排序一致性指标为 $CI(j)$ $(j = 1，2，3\cdots，m)$，相应的平均随机一致性指标为 $RI(j)$；$CI(j)$ 和 $RI(j)$ 已在层次单排序时求得，则 B 层总排序随机一致性比例为：

$$CR = \frac{\sum\limits_{j=1}^{m} CI(j) a_j}{\sum\limits_{j=1}^{m} RI(j) a_j} \tag{2.6}$$

当 $CR < 0.1$ 时，认为层次总排序结果具有较满意的一致性并接受该分析结果。

6. 珊瑚礁典型海洋生态系统健康指标权重

（1）指标间相互关系按不同层次组合，建立珊瑚礁生态系统健康评价各项指标层次模型，见表 2.5。

表 2.5　珊瑚礁生态系统健康评价指标层次模型

目标层 A	准则层 B
	水环境 B_1
	生物质量 B_2
生态系统健康评价指标体系 A	栖息地 B_3
	生物 B_4

（2）评价指标相对重要性及其标度，通过专家咨询，确定各层指标相对于上层指标的重要程度，按照层次分析法 1~9 标度给出了指标间相对重要性标度。

（3）各层指标权重的计算及一致性检验，由各层指标的标度得出 A—B 的判断矩阵，计算判断矩阵的特征根和特征向量，并检验矩阵的一致性。[207]

珊瑚礁生态系统判断矩阵及权系数结果，见表 2.6。

表 2.6　珊瑚礁生态系统判断矩阵及权系数结果

	水环境	生物质量	栖息地	生物	权重向量	一致性检验
水环境	1. 000 00	1. 212 57	0. 295 11	0. 229 53	0. 106 09	$\lambda = 4.001\ 3$
生物质量	0. 824 69	1. 000 00	0. 260 92	0. 212 39	0. 091 63	$CI = 0.000\ 42$
栖息地	3. 388 52	3. 832 60	1. 000 00	0. 776 48	0. 353 03	$RI = 0.90$
生物	4. 356 67	4. 708 34	1. 287 87	1. 000 00	0. 449 25	$CR = 0.000\ 47$

2.1.1.4　各指标评价标准制定的依据

评价指标的基准值关系到评价结果的准确性[208]，各指标评价标准制定的依据主要包括现有国家标准、趋势变化标准（历史数据）以及借鉴国内外现有研究成果和专家评分标准等。

1. 现行国家标准

应用的现行国家标准的指标为水环境指标（盐度、透光率、悬浮物除外）、沉积环境、生物质量指标。所评价的指标均分为三类，即Ⅰ、Ⅱ、Ⅲ类，所选的标准为《海水水质标准》（GB 3097—1997）[209]、《海洋沉积物质量标准》（GB 18668—2002）[210]、《海洋生物质量标准》（GB 18421—2001）[211]中的一、二类或三类标准，符合一类标准的确定为Ⅰ类，符合二类或三类标准的确定为Ⅱ类，超出二类或三类以上的均为Ⅲ类。

2. 趋势变化标准

健康评价指标的标准值是一个动态的标准，具有相对性，取决于所研究生态系统的自然属性和当时的认知水平[212]。栖息地、生物群落等评价指标难以确定具体的标准值，因此采用指标数量或百分比的年际变化幅度，来衡量评价指标所属的类别，这类指标标准的制定主要依据生态系统的稳定性，包括用以往历史调查数据平均值[213]，以及未受到人类活动影响时期的本底值作为参照[214]。

3. 借鉴国内外现有研究成果标准

借鉴国内外相对成熟的健康评价框架和标准体系[215]，包括：美国沿岸海域环境评价（NCA）、欧盟的水框架指令（WFD）、奥斯陆—巴黎协议（OSPAR）、波罗的海海洋环境保护委员会（HELCOM）整体评估（HOLAS）、海洋健康指数（OHI）、澳大利亚利用区域项目生态系统健康监测计划（EHMP）、自然保护国际联盟（IUCN）、大西洋地区司法管辖范围状况报告（R06）、美国珊瑚礁特别工作组（USCRTS）、巴拿马古娜亚拉岛礁的珊瑚健康和鱼类多样性评估、加勒比西北部不同海域两个海洋保护区珊瑚礁状况评价、澳大利亚珊瑚礁渔业生态系统管理、红海珊瑚礁健康评价（恶化指数）、马尔代夫珊瑚礁评价（CCI）、墨西哥湾加利福尼亚珊瑚礁评价、美国墨西哥湾海草床评价以及《2011 美国湿地状况评估报告》等。

4. 专家判断

为科学反映生态系统环境健康状况，突出主要环境问题，为管理决策提供抓手，通过层次分析法[216]，结合专家经验判断法对水环境、栖息地、生物群落等指标的权重进行了赋值。[217]

上述方法为典型海洋生态系统健康评价指标标准值的确定提供了方向指引。

2.1.1.5 生态健康等级

1. 生态健康分级

近岸海洋生态系统健康状况分为如下 3 个级别[218]：

（1）健康。生态系统保持其自然属性，生物多样性及生态系统结构基本稳定，生态系统主要服务功能正常发挥，人为活动所产生的生态压力在生态系统的承载力范围之内。

（2）亚健康。生态系统基本维持其自然属性，生物多样性及生态系统结构发生一定程度的改变，但生态系统的主要服务功能尚能正常发挥，环境污染、人为破坏、资源的不合理利用等生态压力超出生态系统的承载能力。

（3）不健康。生态系统自然属性明显改变，生物多样性及生态系统结构发生较大程度的改变，生态系统主要服务功能严重退化或丧失，环境污染、人为破坏、资源的不合理利用等生态压力超出生态系统的承载能力，生态系统在短期内难以恢复。

2. 评价方法

根据一级指标（水环境、栖息地、生物群落）的权重按照百分制对指标进行赋值。指标中各二级评价指标根据Ⅰ、Ⅱ、Ⅲ级标准计算不同指标的赋值，将一级指标中的所有二级指标所得赋值进行平均，即为该一级指标的健康指数 CEH_n。将所有一级指标的健康指数相加（ $CEH_{indx} = CEH_1 + CEH_2 + CEH_3 + \cdots + CEH_n$ ），即为生态系统的健康指数。

3. 生态健康评价标准

依据 CEH_{indx} 得分评价生态系统健康状况:

(1) 当 CEH_{indx} 大于等于 I 、II 级赋值的平均值时,生态系统处于健康状态;

(2) 当 CEH_{indx} 小于 I 、II 级赋值的平均值,且大于等于 II 、III 级赋值的平均值时,生态系统处于亚健康状态;

(3) 当 CEH_{indx} 小于 II 、III 级赋值的平均值时,生态系统处于不健康状态。

2.1.2　生态环境调查

2.1.2.1　站位布设

本次调查在涠州岛进行。涠洲岛珊瑚礁生态系统监测共布设 12 个监测站位。其中有 3 个站位作为珊瑚礁水下监测断面,它们分别是位于涠洲岛西南海域的竹蔗寮站位、位于涠洲岛北部海域的牛角坑站位、位于涠洲岛东部海域的坑仔站位。水质、沉积物有 9 个监测站位。每个调查海域设 1 个调查点位,覆盖区域为 10 hm²。调查站位尽可能布设在珊瑚礁聚集、水质变化剧烈、人为干扰严重的区域,并考虑样品采集的难易程度,各站位的分析状况见表 2.7。

表 2.7　涠洲岛珊瑚礁生态系统监测站位经纬度

站点名称	经度/°	纬度/°	监测项目
1	109.1261	21.0833	珊瑚礁生物群落
2	109.0736	21.0183	珊瑚礁生物群落
3	109.1411	21.0300	珊瑚礁生物群落
4	109.0833	21.0206	水质、沉积物
5	109.0800	21.0186	水质、沉积物
6	109.0769	21.0206	水质、沉积物
7	109.1244	21.0728	水质、沉积物
8	109.1228	21.0778	水质、沉积物
9	109.1208	21.0825	水质、沉积物
10	109.1408	21.0492	水质、沉积物
11	109.1475	21.0489	水质、沉积物
12	109.1528	21.0486	水质、沉积物

2.1.2.2 监测指标

（1）水环境质量：水温、pH、DO、COD、盐度、NH_3-N、NO_3-N、NO_2-N、PO_4-P、石油类、SS、Gu、Zn、Cr、Hg、Cd、Pb、As、叶绿素 a。

（2）栖息地状况：大型底栖藻类盖度、活珊瑚盖度。

（3）生物群落：珊瑚死亡率、珊瑚病害、硬珊瑚补充量、软/硬珊瑚的种类（包含物种名录）和珊瑚礁鱼类密度。

2.1.2.3 调查评价方法

1. 水质监测指标及方法

各项水环境监测指标及其监测分析方法，见表2.8。

表 2.8 水质监测指标及分析方法

指 标	项 目	监测/分析方法	参考标准
海水环境指标	水深	探测仪	GB 12763—91
	水温	颠倒温度表法	GB 17378.4—1998
	盐度	盐度计法	GB 17378.4—1998
	pH	pH 计法	GB 17378.4—1998
	溶解氧	碘计法	GB 17378.4—1998
	透明度	目视法	GB 12763—91
	叶绿素 a	分光光度法	GB 17378.4—1998
	悬浮物	重量法	GB 17378.4—1998
	亚硝酸盐—氮	奈乙二胺分光光度法	GB 17378.4—1998
	硝酸盐—氮	锌—镉还原法	GB 17378.4—1998
	氨—氮	次溴酸盐氧化法	GB 17378.4—1998
	活性磷酸盐	磷钼蓝分光光度法	GB 17378.4—1998
	硅酸盐	硅钼黄分光光度法	GB 17378.4—1998

根据监测数据的统计分析结果，对照《海水水质标准》（GB 3097—1997），采用单因子分析法计算评价结果。

2. 珊瑚礁调查方法

本着不破坏珊瑚的原则，采用断面监测调查法和现场调查记录方法，利用水下数码摄像机和水下照相机进行摄像和拍照，然后在室内根据照片、摄像带和现场调查记录的真实资料进行分析[219]。

1）珊瑚礁断面布设

每个监测站位设 1~4 条监测断面，断面长 50 m，监测区域断面布设尽可能地反映出该监测区域珊瑚礁的生态状况。

2）监测方法

从断面一端开始，用软尺测量断面线下的活珊瑚所占绳长（小于 10 cm 的不记），记下断面线下活珊瑚的总长度，并对断面上测量的造礁珊瑚的种类进行现场鉴定。如果断面线下有砂质底质，记录其所占的长度。只对附着在基质上的珊瑚及脱落的大型难以挪动的珊瑚进行测定，100% 死亡的珊瑚也应测定；10 cm 以下的珊瑚及从珊瑚礁上脱落的珊瑚不作测量。珊瑚界线根据骨骼形态、相联系的活组织及水螅体的颜色确定。有些珊瑚的活组织分散在叶片状的基底上，应作为一个珊瑚看待；有时一个珊瑚被另一种珊瑚包围，按两个珊瑚分别测量；如果一个珊瑚长在另一个珊瑚的顶部，且两个都在断面线上，分别测量；如果一个珊瑚部分死亡，测量时应包括死亡部分。珊瑚规格用珊瑚的高度和宽度来表示。高度指珊瑚的基底至生长轴平行方向最高点间的距离；宽度指垂直于生长轴的最大直径。脱落的珊瑚如果没有新生长轴向，按原生长轴测定其规格，若有新生长轴，则按新生长轴向测定珊瑚规格。

3）珊瑚补充量调查方法

完成每个监测区域的断面监测后，在调查过的珊瑚礁附近自由游动，寻找没有大型固着生活的无脊椎动物（直径大于 25 cm）区域，放置 25 cm × 25 cm 样方。统计样方内直径小于 2 cm 的石珊瑚数量，尽可能记录每一种类的属名。每个区域按上述方法重复调查 80 个样方。

4）珊瑚死亡情况判断

在测量珊瑚规格的同时测定断面上硬珊瑚的总个数及死亡个数，并估计死亡时间。活珊瑚呈现不同的颜色，判断死亡珊瑚的依据是珊瑚的颜色为白色或黑色。早期死亡的为黑色，死亡时间超过 15 年的珊瑚已辨认不清珊瑚体。近期死亡的为白色，死亡时间判别依据如下[220]。

1 个月以内：珊瑚骨骼呈白色、完整清晰；

6 个月以内：珊瑚被小型藻类或薄层沉积物覆盖；

1~2 年之内：珊瑚结构轻微腐蚀，但仍然能分辨出珊瑚的属级分类单位；

1~2 年以上：珊瑚结构消失，或单体上的附着生物（藻类、无脊椎动物等）已经很难取下。

5）病害

珊瑚礁病害主要通过颜色的改变来判断。应对白化病及其他颜色的异常进行监测并拍照，只统计每个珊瑚"头部"平面上颜色的异常状况。记录每个珊瑚颜色异常状况并对病害情况进行现场拍照。珊瑚常见的病害有：白化病（B）；黑边病（BB）；白带病（WB）；侵蚀病（RW）；黄斑病（YB）；红带病（RB）。

6）鱼类调查统计方法

沿着断面游到断面的另一端，将丁字尺举在眼前，眼睛盯着尺前方数米远处，记录断面两侧各 1 m 宽的范围内常见种类的个体数量，并用丁字尺观测每条鱼的体长范围（0~5 cm、6~10 cm、11~20 cm、21~30 cm、31~40 cm、>40 cm），记录测定结果。根据鱼类的现场监测记录，对数据进行分析。

3. 浮游生物调查方法

1）样品采集

本次调查采用自海底至水面垂直拖网的方法进行样品的采集，每个站位分别用浅水 I 型、II 型、III 型浮游生物网采集 1 L 样品。浮游植物和浮游动物样品分别采用浅水 III 型、浅水 I 型和 II 型网采集。浮游动物、浮游植物采集网适用情况见表2.9。出发前，对生物网、底管进行全面检查，防止网具损坏，影响监测结果；放网入水，落网速度为 0.5 m·s^{-1}；当铅坠沉入底部、拖拽绳不吃力时，可以起网并记录绳长，起网速度为 0.5~0.8 m·s^{-1}，直至网口边缘露出水面。此时，用海水冲洗网衣，切勿使冲洗的海水进入网口，直至将样品冲入底管，将底管内的样品放入采样瓶，做好标记并固定样品。

表2.9 浮游动植物采集网适用情况表

序号	类型	型号	适用范围
1	浅水 I 型浮游生物网	CQ 14（0.505） JP 12（0.507）	适用于 30 m 以浅垂直或分段采集大、中型浮游动物和鱼卵、仔稚鱼
2	浅水 II 型浮游生物网	CB 36（0.160） JP 36（0.169）	适用于 30 m 以浅垂直或分段采集中、小型浮游动物和夜光藻
3	浅水 III 型浮游生物网	JF 62（0.077） JP 80（0.077）	适用于 30 m 以浅垂直或分段采集浮游植物

2）样品处理

浮游植物用鲁哥氏液固定，需要量为每升水样加入 6 ~ 8 mL 鲁哥氏液。浮游动物用 5% 甲醛固定，按标本瓶容量的 5% 左右加入甲醛溶液。

3）样品分析

（1）浮游植物的浓缩计数

将 1 000 mL 水样浓缩至 30 ~ 50 mL，转入 50 mL 的定量瓶中定量。将浓缩沉淀后的水样充分摇匀后，立即用 0.1 mL 吸量管吸出 0.1 mL 样品，注入 0.1 mL 计数框内，小心地盖上盖玻片，在盖盖玻片时，要求计数框内没有气泡，样品不溢出计数框。然后在显微镜下计数[221]。同一样品一般计数两个小样，两片计算结果和平均数之差如不大于其均数的 ±15%，其均数视为有效结果，否则还必须测第 3 片，直至 3 片平均数与相近两数之差不超过均数的 15% 为止，这两个相近值的平均数，即可视为计算结果[222]。计算时优势种类尽可能鉴别到属，注意不要把浮游植物当作杂质而漏计。

（2）浮游动物的生物量测定（直接称重法）

浮游动物的生物量仅用浅水 I 型浮游生物网采集的样品，将含水量多的种类（水母）和含水量少的浮游动物分别挑开。把网孔小于采集网网孔的筛巾剪成与漏斗内径大小相同的圆块，用水浸湿后铺在漏斗上。利用真空浆抽出筛巾中多余的水分，接着称其重量。被标定重量的筛巾可多次使用。先将标定重量的筛巾铺在漏斗中，开动真空浆，接着再把需要称重的样品倒在筛巾上，待标本和筛巾上所附的水分滤去后，即将它们放在扭力天平上称重。从此重量中减去筛巾重量即为标本的重量。然后再换算出生物量。

（3）浮游动物的浓缩计数

浮游动物数量为 I 型和 II 型网样品数量的总和。

操作方法与浮游植物定量样品的沉淀和浓缩方法相同。即在筒形分液漏斗中沉淀 48 h 后，吸取上层清液，把沉淀浓缩样品放入试剂瓶中，最后定量为 30 mL 或 50 mL。

一般原生动物和轮虫的计数可与浮游植物的计数合用一个样品。甲壳动物用 1 mL 计数框。

（4）浓缩计数按公式（2.7）计算：

$$C = \frac{n \cdot V_1}{V_2 \cdot V_n} \tag{2.7}$$

式中，C 为单位体积海水中标本总量，ind. · m^{-3}；n 为取样计数个数，ind.；V_1 为水样浓缩后的体积，cm^3；V_2 为滤水量，m^3；V_n 为取样计数的体积，cm^3。

（5）评价方法

生物多样性指标按公式（2.8）计算：

优势度：

$$Y = \frac{n_i}{N} \cdot f_i \qquad (2.8)$$

Shannon – Wiener 多样性指数按公式（2.9）计算：

$$H' = -\sum_{i=1}^{S} P_i \log_2 P_i \qquad (2.9)$$

Pielou 均匀度指数按公式（2.10）计算：

$$J = \frac{H'}{H_{max}} \qquad (2.10)$$

式中，$P_i = n_i/N$；$H_{max} = \log_2 S$，为最大多样性指数；n_i 为第 i 种的个体数量，$ind. \cdot m^{-3}$；N 为某站总生物数量，$ind. \cdot m^{-3}$；f_i 为某种生物的出现频率，%；S 为出现生物总种数。

2.2 评价结果

2.2.1 环境概况

润洲岛地处广西北海市北部湾海域中部，全岛面积约 25 km^2，年平均海面温度为 24.55 ℃，年平均海水盐度为 31.9，海水的透明度变化于 3.0 ~ 10.0 m。润洲岛海域终年存在气旋式环流，夏季入海径流量增大，海面由近岸向外海逐渐下降，形成斜压效应，西南风向北岸吹刮形成正压效应，加强了气旋环流，无论冬季还是夏季润洲岛附近的余流都是自东南指向西北，这些都为珊瑚的繁殖、生长等创造了良好的条件。[223]其周围海域分布着珊瑚，是北部湾珊瑚分布区域的最北端。

润洲岛珊瑚礁总体沿着海岸线分布，面积约为 2 848 hm^2，核心礁区主要分布于西南部沿岸浅海、西北沿岸浅海、东北沿岸浅海一带海域。[224]润洲岛造礁石珊瑚共

10 科 23 属 42 种，占中国全部 400 余种造礁石珊瑚的 10%。其次是柳珊瑚，软珊瑚、群体海葵的种类较少。涠洲岛珊瑚礁生态系统生物多样性高，海洋生物资源十分丰富，种类繁多，分布有鱼类 500 多种。

2.2.2　调查结果

2.2.2.1　水质分布特征及评价结果

海水水质监测站位的环境指标均符合第一类海水水质标准，见表 2.10。

表 2.10　海水水质监测结果及质量等级统计表

序号	环境因子	单位	范围	平均值	第一类（%）
1	水温	℃	25.0 ~ 27.0	26.1	—
2	水深	m	2.0 ~ 5.0	3.8	—
3	透明度	m	2.0 ~ 5.0	3.2	—
4	盐度	无量纲	31 ~ 31.6	31.3	—
5	悬浮物质	$mg \cdot L^{-1}$	2	1	—
6	pH	无量纲	8.1 ~ 8.14	8.11	100
7	溶解氧	$mg \cdot L^{-1}$	6.55 ~ 7.04	6.89	100
8	化学需氧量	$mg \cdot L^{-1}$	0.29 ~ 0.84	0.529	100
9	无机氮	$\mu g \cdot L^{-1}$	29.3 ~ 58.5	40	100
10	氨氮	$\mu g \cdot L^{-1}$	0.4 ~ 19.5	8.6	100
11	硝酸盐（氮）	$\mu g \cdot L^{-1}$	17 ~ 39	26.4	—
12	亚硝酸盐（氮）	$\mu g \cdot L^{-1}$	3 ~ 8	5	—
13	活性磷酸盐	$mg \cdot L^{-1}$	0.001 ~ 0.003	2	—
14	汞	$\mu g \cdot L^{-1}$	0.007 ~ 0.019	0.008	100
15	镉	$\mu g \cdot L^{-1}$	0.015 ~ 0.018	0.017	100
16	铅	$\mu g \cdot L^{-1}$	0.03 ~ 0.04	0.02	100
17	总铬	$\mu g \cdot L^{-1}$	0.11 ~ 0.13	0.12	100
18	砷	$\mu g \cdot L^{-1}$	0.8 ~ 012	1.1	100
19	铜	$\mu g \cdot L^{-1}$	0.26 ~ 0.48	0.33	100
20	锌	$\mu g \cdot L^{-1}$	0.5 ~ 01.4	0.8	100
21	镍	$\mu g \cdot L^{-1}$	0.22 ~ 0.24	0.23	100
22	油类	$\mu g \cdot L^{-1}$	8.4 ~ 42.5	22.6	100
23	叶绿素 a	$\mu g \cdot L^{-1}$	0.5 ~ 2.7	1.3	—

2.2.2.2 珊瑚礁断面监测

1. 竹蔗寮

1）活珊瑚覆盖度及底质类型

竹蔗寮调查断面造礁珊瑚覆盖度为30.10%，岩石覆盖度为29.10%，沙地覆盖度为25.80%，碎石覆盖度为12.40%，海绵覆盖度为0.80%，软珊瑚覆盖度为1.20%，新死亡珊瑚覆盖度为0.60%，见图2.1。

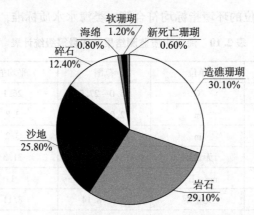

图2.1　竹蔗寮近岸珊瑚礁海域各底质类型比例图

2）珊瑚种类多样性

竹蔗寮近岸海域共记录活的硬珊瑚种类9科18属21种，见表2.11。

表2.11　涠洲岛竹蔗寮近岸造礁石珊瑚群落组成表

科　名	属　名	种　名
鹿角珊瑚科 Acroporidae	鹿角珊瑚属 Acropora	粗野鹿角珊瑚 Acropora humilis
		风信子鹿角珊瑚 Acropora hyacinthus
	蔷薇珊瑚属 Montipora	膨胀蔷薇珊瑚 Montipora turgescens
菌珊瑚科 Agariciidae	牡丹珊瑚属 Pavona	十字牡丹珊瑚 Pavona decussata
铁星珊瑚科 Siderastreidae	假铁星珊瑚属 Pseudosiderastrea	假铁星珊瑚 Pseudosiderastrea tayamai
滨珊瑚科 Poritidae	滨珊瑚属 Porites	澄黄滨珊瑚 Porites lutea
	角孔珊瑚属 Goniopora	斯氏角孔珊瑚 Goniopora stutchburyi
枇杷珊瑚科 Oculinidae	盔形珊瑚属 Galaxea	丛生盔形珊瑚 Galaxea astreata
裸肋珊瑚科 Merulinidae	刺柄珊瑚属 Hydnophora	腐蚀刺柄珊瑚 Hydnophora exesa
	裸肋珊瑚属 Merulina	阔裸肋珊瑚 Merulina ampliata

科　名	属　名	种　名
蜂巢珊瑚科 Faviidae	蜂巢珊瑚属 *Favia*	标准蜂巢珊瑚 *Favia speciosa*
		黄藓蜂巢珊瑚 *Favia favus*
	角蜂巢珊瑚属 *Favites*	秘密角蜂巢珊瑚 *Favites abdita*
		五边角蜂巢珊瑚 *Favites pentagona*
	扁脑珊瑚属 *Platygyra*	肉质扁脑珊瑚 *Platygyra carnosus*
	同星珊瑚属 *Plesiastrea*	多孔同星珊瑚 *Plesiastrea versipora*
	刺星珊瑚属 *Cyphastrea*	锯齿刺星珊瑚 *Cyphastrea serailia*
	圆菊珊瑚属 *Montastrea*	简短圆菊珊瑚 *Montastrea curta*
	小星珊瑚属 *Leptastrea*	白斑小星珊瑚 *Leotastrea pruninosa*
木珊瑚科 Dendrophylliidae	陀螺珊瑚属 *Turbinaria*	盾形陀螺珊瑚 *Turbinaria peltata*
褶叶珊瑚科 Mussidae	棘星珊瑚属 *Acanthastrea*	棘星珊瑚 *Acanthastrea echinata*

3）种类覆盖度

相对覆盖度指某种珊瑚覆盖度占珊瑚总覆盖度的比例。在竹蔗寮调查断面澄黄滨珊瑚 *Porites lutea* 为优势种，其分布长度占全部珊瑚种类的 42.52%，其次为秘密角蜂巢珊瑚 *Favites abdita*、五边角蜂巢珊瑚 *Favites pentagona*，二者的重要值百分比分别为 14.29%、10.63%。其余珊瑚种类分布面积较小，重要值均低于 10%，见图 2.2。

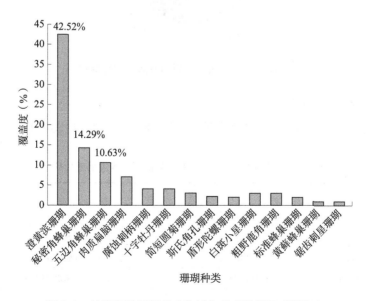

图 2.2　竹蔗寮近岸珊瑚礁海域各珊瑚种类相对覆盖度

4）珊瑚死亡状况

本次调查发现一年内死亡珊瑚占比0.6%。

5）珊瑚病害种类及发生率

本次调查在竹蔗寮站位未发现珊瑚病害。

6）敌害生物状况

本次调查在竹蔗寮站位未发现珊瑚的敌害生物。

2. 牛角坑

1）活珊瑚覆盖度及底质类型

造礁珊瑚覆盖度为39.30%，碎石覆盖度为34.30%，岩石覆盖度为11.50%，沙地覆盖度为6.80%，软珊瑚类覆盖度为6.00%，大型藻类覆盖度为2.10%。见图2.3。

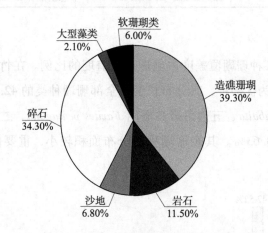

图2.3　牛角坑调查断面底质类型比例图

2）珊瑚种类多样性

牛角坑近岸海域共记录活硬珊瑚种类9科18属25种，见表2.12。

表2.12　涠洲岛牛角坑近岸造礁石珊瑚群落组成分析表

科 名	属 名	种 名
鹿角珊瑚科 Acroporidae	鹿角珊瑚属 Acropora	粗野鹿角珊瑚 Acropora humilis
	蔷薇珊瑚属 Montipora	翼型蔷薇珊瑚 Montipora peltiformis
菌珊瑚科 Agariciidae	牡丹珊瑚属 Pavona	十字牡丹珊瑚 Pavona decussata
石芝珊瑚科 Fungiidae	石叶珊瑚属 Lithophyllon	波形石叶珊瑚 Lithophyllon undulatum

科 名	属 名	种 名
滨珊瑚科 Poritidae	滨珊瑚属 Porites	澄黄滨珊瑚 Porites lutea
	角孔珊瑚属 Goniopora	柱角孔珊瑚 Goniopora columna
		斯氏角孔珊瑚 Goniopora stutchburyi
枇杷珊瑚科 Oculinidae	盔形珊瑚属 Galaxea	丛生盔形珊瑚 Galaxea astreata
梳状珊瑚科 Pectiniidae	刺叶珊瑚属 Echinophyllia	粗糙刺叶珊瑚 Echinophyllia aspera
裸肋珊瑚科 Merulinidae	刺柄珊瑚属 Hydnophora	腐蚀刺柄珊瑚 Hydnophora exesa
蜂巢珊瑚科 Faviidae	蜂巢珊瑚属 Favia	标准蜂巢珊瑚 Favia speciosa
		海洋蜂巢珊瑚 Favia maritima
		黄藓蜂巢珊瑚 Favia favus
	角蜂巢珊瑚属 Favites	秘密角蜂巢珊瑚 Favites abdita
		小五边角蜂巢珊瑚 Favites Micropentagona
		五边角蜂巢珊瑚 Favites pentagona
	扁脑珊瑚属 Platygyra	精巧扁脑珊瑚 Platygyra rustica
		肉质扁脑珊瑚 Platygyra carnosus
	同星珊瑚属 Plesiastrea	多孔同星珊瑚 Plesiastrea versipora
	圆菊珊瑚属 Montastrea	简短圆菊珊瑚 Montastrea curta
	刺孔珊瑚属 Echinopora	薄片刺孔珊瑚 Echinopora lamellose
		宝石刺孔珊瑚 Echinopora gemmacea
	刺星珊瑚属 Cyphastrea	锯齿刺星珊瑚 Cyphastrea serailia
	小星珊瑚属 Leptastrea	白斑小星珊瑚 Leotastrea pruninosa
木珊瑚科 Dendrophylliidae	陀螺珊瑚属 Turbinaria	盾形陀螺珊瑚 Turbinaria peltata

3）种类覆盖度

牛角坑调查断面十字牡丹珊瑚 Pavona decussata 为优势种，分布长度占全部珊瑚种类的47.57%，澄黄滨珊瑚 Porites lutea 占比22.76%，秘密角蜂巢珊瑚 Favites abdita 占比10.49%。其余珊瑚种类分布面积较小，重要值均低于10%，见图2.4。

4）珊瑚死亡状况

本海域未发现死亡珊瑚。

5）珊瑚病害种类及发生率

本次调查未发现珊瑚病害。

6）敌害生物状况

本次调查未发现珊瑚的敌害生物。

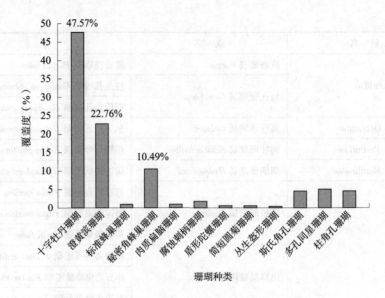

图 2.4　牛角坑近岸珊瑚礁海域各珊瑚种类相对覆盖度

3. 坑仔

1）活珊瑚覆盖度及底质类型

造礁珊瑚覆盖度为 14.90%，碎石覆盖度为 19.80%，岩石覆盖度为 36.80%，沙地覆盖度为 24.30%，软珊瑚类覆盖度为 3.00%，海绵覆盖度为 1.20%，见图 2.5。

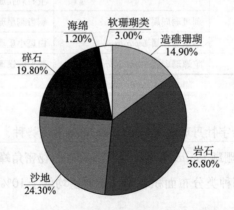

图 2.5　坑仔调查断面底质类型比例图

2）珊瑚种类多样性

坑仔近岸海域共记录活硬珊瑚种类 6 科 11 属 13 种，见表 2.13。

表 2.13　涠洲岛坑仔近岸造礁石珊瑚群落组成分析表

科　名	属　名	种　名
瓣叶珊瑚科 Agariciidae	合叶珊瑚属 *Pavona*	菌状合叶珊瑚 *Symphyllia agaricia*
滨珊瑚科 Poritidae	滨珊瑚属 *Porites*	澄黄滨珊瑚 *Porites lutea*
	角孔珊瑚属 *Goniopora*	柱角孔珊瑚 *Goniopora columna*
		斯氏角孔珊瑚 *Goniopora stutchburyi*
梳状珊瑚科 Pectiniidae	刺叶珊瑚属 *Echinophyllia*	粗糙刺叶珊瑚 *Echinophyllia aspera*
裸肋珊瑚科 Merulinidae	刺柄珊瑚属 *Hydnophora*	腐蚀刺柄珊瑚 *Hydnophora exesa*
蜂巢珊瑚科 Faviidae	蜂巢珊瑚属 *Favia*	标准蜂巢珊瑚 *Favia speciosa*
	角蜂巢珊瑚属 *Favites*	秘密角蜂巢珊瑚 *Favites abdita*
		五边角蜂巢珊瑚 *Favites pentagona*
	斜花珊瑚属 *Mycedium*	象鼻斜花珊瑚 *Mycedium elephantotus*
	同星珊瑚属 *Plesiastrea*	多孔同星珊瑚 *Plesiastrea versipora*
	小星珊瑚属 *Leptastrea*	白斑小星珊瑚 *Leotastrea pruninosa*
木珊瑚科 Dendrophylliidae	陀螺珊瑚属 *Turbinaria*	盾形陀螺珊瑚 *Turbinaria peltata*

3）种类覆盖度

坑仔调查样带种共出现 13 种珊瑚，其中秘密角蜂巢珊瑚 *Favites abdita* 和菌状合叶珊瑚 *Symphyllia agaricia* 为优势种，分布长度分别占全部珊瑚种类的 37.58% 和 13.42%，其余珊瑚种类分布面积较小，重要值均低于 10.00%，见图 2.6。

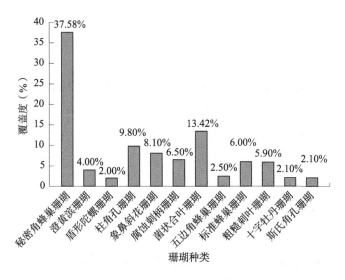

图 2.6　坑仔近岸珊瑚礁海域各珊瑚种类相对覆盖度

注：十字牡丹珊瑚为本次调查新发现种。

4）珊瑚死亡、病害种类及发生率、敌害生物状况

本调查区域未发现死亡珊瑚、病害珊瑚、敌害生物。

2.2.2.3 珊瑚礁鱼类群落状况

1. 竹蔗寮

本断面发现记录珊瑚礁鱼类 4 种，分别为黄尾新雀鲷 *Neopomacentrus azysron*、斑刻新雀鲷 *Neopomacentrus bankieri*、云斑海猪鱼 *Halichoeres nigrescens*、黄斑篮子鱼 *Siganus oramin*，其中黄尾新雀鲷为优势种类，其密度达到 4.38 ind.·m^{-2}，平均体长为 3 cm。本海域所有鱼类的密度为 5.70 ind.·m^{-2}，平均体长为 3.16 cm，见表 2.14。

表 2.14 竹蔗寮珊瑚礁鱼类密度、体长

中文名	拉丁名	个体总数（ind.）	平均密度（ind.·m^{-2}）	平均体长（cm）	个体数量（ind.）					
					体长 0~5 cm	体长 6~10 cm	体长 11~20 cm	体长 21~30 cm	体长 31~40 cm	体长 >40 cm
黄尾新雀鲷	*Neopomacentrus azysron*	438	4.38	3	438	0	0	0	0	0
斑刻新雀鲷	*Neopomacentrus bankieri*	124	1.24	3	120	0	4	0	0	0
云斑海猪鱼	*Halichoeres nigrescens*	4	0.04	13	0	0	4	0	0	0
黄斑篮子鱼	*Siganus oramin*	6	0.04	16	2	0	4	0	0	0

2. 牛角坑

本断面发现记录珊瑚礁鱼类 4 种，分别为黄尾新雀鲷 *Neopomacentrus azysron*、斑刻新雀鲷 *Neopomacentrus bankieri*、黑斑鲱鲤 *Upeneus tragula*、八带蝴蝶鱼 *Chaetodon octofasciatus*。优势种为黄尾新雀鲷，平均密度达到 6.34 ind.·m^{-2}，平均体长为 3 cm。本海域所有鱼类的密度为 8.84 ind.·m^{-2}，平均体长为 3.31 cm，见表 2.15。

3. 坑仔

本断面发现记录珊瑚礁鱼类 5 种，分别为线尾锥齿鲷 *Pentapus setosus*、双带鲈 *Diploprion bifasciatum*、黄尾新雀鲷 *Neopomacentrus azysron*、云斑海猪鱼 *Halichoeres nigrescens*、黑斑鲱鲤 *Upeneus tragula*，平均密度达到 0.85 ind.·m^{-2}。本海域所有鱼类的密度为 0.17 ind.·m^{-2}，平均体长为 4.81 cm，见表 2.16。

表 2.15 牛角坑珊瑚礁鱼类密度、体长

中文名	拉丁名	个体总数（ind.）	平均密度（ind.·m^{-2}）	平均体长（cm）	个体数量（ind.）					
					体长0~5 cm	体长6~10 cm	体长11~20 cm	体长21~30 cm	体长31~40 cm	体长>40 cm
黑斑鲱鲤	*Upeneus tragula*	4	0.04	9	0	4	0	0	0	0
八带蝴蝶鱼	*Chaetodon octofasciatus*	2	0.02	6	0	2	0	0	0	0
斑刻新雀鲷	*Neopomacentrus bankieri*	244	2.44	4	244	0	0	0	0	0
黄尾新雀鲷	*Neopomacentrus azysron*	634	6.34	3	634	0	0	0	0	0

表 2.16 坑仔珊瑚礁鱼类密度、体长

中文名	拉丁名	个体总数（ind.）	平均密度（ind.·m^{-2}）	平均体长（cm）	个体数量（ind.）					
					体长0~5 cm	体长6~10 cm	体长11~20 cm	体长21~30 cm	体长31~40 cm	体长>40 cm
线尾锥齿鲷	*Pentapus setosus*	4	0.04	15	0	0	4	0	0	0
双带鲈	*Diploprion bifasciatum*	3	0.01	12	0	2	1	0	0	0
黄尾新雀鲷	*Neopomacentrus azysron*	78	0.78	4	78	0	0	0	0	0
云斑海猪鱼	*Halichoeres nigrescens*	1	0.01	13	0	0	1	0	0	0
黑斑鲱鲤	*Upeneus tragula*	1	0.01	12	0	0	1	0	0	0

2.2.2.4 珊瑚礁大型底栖动物

1. 种类组成

本年度涠洲岛生态调查共采集到大型底栖动物 5 大类 38 种。大型底栖动物种类组成见图 2.7。

竹蔗寮调查区域共采集底栖动物 5 类 13 种，其中软体动物门腹足类 2 种、双壳类 3 种，节肢动物甲壳类 3 种，棘皮动物 1 种，环节动物多毛类 4 种。珊瑚绒贻贝 *Gregariella coralliophaga* 为优势种，密度达到 24 ind.·m^{-2}。

牛角坑调查区域共采集底栖动物 5 类 20 种，其中软体动物门腹足类 5 种、双壳类 5 种，节肢动物甲壳类 4 种，棘皮动物 2 种，环节动物多毛类 4 种。锉石蛏 *Lithophaga lima* 为优势种，密度为 16 ind.·m^{-2}。

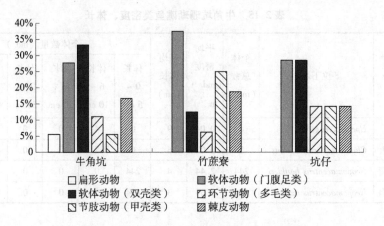

图 2.7 各调查站位大型底栖动物种类组成

坑仔调查区域共采集底栖动物 5 类 14 种，其中软体动物门腹足类 4 种、双壳类 3 种，环节动物多毛类 2 种，节肢动物甲壳类 4 种，棘皮动物 1 种。次新合鼓虾 *Synalpheus paraneomeris* 为优势种，密度为 20 ind. · m^{-2}。

2. 密度、生物量和生物多样性指数

三个调查区域中牛角坑调查站位大型底栖动物密度最高，为 208 ind. · m^{-2}，竹蔗寮调查站位大型底栖动物密度最低，为 144 ind. · m^{-2}。牛角坑调查站位大型底栖动物生物量最高，为 451.48 g · m^{-2}，坑仔调查站位大型底栖动物生物量最低，为 228.10 g · m^{-2}。在生物多样性指数方面，丰富度指数和优势度指数牛角坑站位最高，均匀度指数则是竹蔗寮站位最高，见表 2.17。

表 2.17 竹蔗寮、牛角坑、坑仔站位大型底栖动物密度、生物量、多样性指数

站位	密度（ind. · m^{-2}）	生物量（g · m^{-2}）	种类数	丰富度	优势度	均匀度
竹蔗寮	144	253.24	13	3.510	2.321	0.948
牛角坑	208	451.48	20	4.166	3.333	0.964
坑仔	164	228.10	14	3.800	2.613	0.973

2.2.2.5 珊瑚礁大型底栖藻类

本次调查站位中仅在牛角坑断面中发现大型藻类，覆盖度为 2.1%，种类为藓羽藻 *Bryopsis hypnoides*，见图 2.8。

图 2.8　牛角坑断面藓羽藻

2.2.3　健康评价模型

2.2.3.1　评价指标类别与权重分值

珊瑚礁生态健康评价包括水环境、栖息地、生物群落三类指标，各类指标的权重分值见表 2.18。

表 2.18　珊瑚礁生态系统指标权重分值

指标	水环境	栖息地	生物群落
权重分值	10	60	30

2.2.3.2　水环境

1. 评价指标及赋值

水环境评价指标包括 pH 值、悬浮物、活性磷酸盐、无机氮、叶绿素 a 五类指标，各评价指标见表 2.19。水环境指标的权重分值为 10，按照Ⅰ级、Ⅱ级、Ⅲ级进行赋值。其中各指标Ⅰ级赋值为 10，Ⅱ级赋值为 5、Ⅲ级赋值为 1。

表 2.19 珊瑚礁水环境评价指标

序 号	指 标	Ⅰ级	Ⅱ级	Ⅲ级
1	pH 值	$8.0 < \cdot \leqslant 8.3$	$7.8 < \cdot \leqslant 8.0$ 或 $8.3 < \cdot \leqslant 9.0$	$\leqslant 7.8$ 或 > 9.0
2	悬浮物（$mg \cdot L^{-1}$）	$\leqslant 10$	$10 < \cdot \leqslant 20$	> 20
3	活性磷酸盐（$\mu g \cdot L^{-1}$）	$\leqslant 5$	$5 < \cdot \leqslant 15$	> 15
4	无机氮（$\mu g \cdot L^{-1}$）	$\leqslant 40$	$40 < \cdot \leqslant 120$	> 120
5	叶绿素 a（$\mu g \cdot L^{-1}$）	$\leqslant 2$	$2 < \cdot \leqslant 4$	> 4

2. 评价指标计算方法

水环境各项评价指标按公式（2.11）计算。

$$W_q = \frac{\sum_{1}^{n} W_{qi}}{n} \tag{2.11}$$

式中，W_q 为第 q 项评价指标数值；n 为评价区域监测点位总数；W_{qi} 为第 i 个点位第 q 项评价指标赋值。

水环境健康指数按公式（2.12）计算。

$$W_{indx} = \frac{\sum_{1}^{m} W_q}{m} \tag{2.12}$$

式中，W_{indx} 为水环境健康指数；m 为评价区域评价指标总数；W_q 为第 q 项评价指标数值。

当 $W_{indx} \geqslant 7.5$ 时，水环境处于健康状态；当 $3 \leqslant W_{indx} < 7.5$ 时，水环境处于亚健康状态；当 $W_{indx} < 3$ 时，水环境处于不健康状态。

2.2.3.3 栖息地

1. 评价指标及赋值

栖息地评价指标包括造礁珊瑚覆盖率、大型底栖藻类与造礁珊瑚覆盖度比值、沙底质覆盖率三类指标，各评价指标见表 2.20。栖息地指标的权重分值为 60，按照Ⅰ级、Ⅱ级、Ⅲ级进行赋值。其中各指标Ⅰ级赋值为 60，Ⅱ级赋值为 40、Ⅲ级赋值为 20。造礁珊瑚覆盖率指标权重为 0.8、大型底栖藻类与造礁珊瑚覆盖度比值指标权重为 0.1、沙底质覆盖率指标权重为 0.1。

表 2.20　珊瑚礁栖息地评价指标

序　号	指　标	Ⅰ级	Ⅱ级	Ⅲ级	权　重
1	造礁珊瑚覆盖率（%）	≥35	15 < · < 35	≤15	0.8
2	大型底栖藻类与造礁珊瑚比值（%）	≤5	5 < · < 30	≤30	0.1
3	沙底质覆盖率（%）	≤15	15 < · < 35	≥35	0.1

2. 栖息地健康指数

栖息地健康指数按公式（2.13）计算。

$$E_{indx} = \frac{\sum_{1}^{m} E_i WE_i}{m} \tag{2.13}$$

式中，E_{indx} 为栖息地健康指数；m 为栖息地评价指标总数；E_i 为第 i 项栖息地评价指标赋值；WE_i 为第 i 项栖息地评价指标权重。

当 $E_{indx} \geq 50$ 时，栖息地处于健康状态；当 $30 \leq E_{indx} < 50$ 时，栖息地处于亚健康状态；当 $E_{indx} < 30$ 时，栖息地处于不健康状态。

2.2.3.4　生物群落

1. 评价指标及赋值

生物群落评价包括硬珊瑚补充量、鹿角珊瑚属占比、滨珊瑚属占比、角孔珊瑚属占比、盔形珊瑚属占比、珊瑚礁鱼类密度、珊瑚敌害生物密度 7 大类指标，各评价指标见表 2.21。生物群落指标的权重分值为 30，按照Ⅰ级、Ⅱ级、Ⅲ级进行赋值。除长棘海星外，各指标的Ⅰ级赋值为 30、Ⅱ级赋值为 20、Ⅲ级赋值为 10，长棘海星Ⅰ级、Ⅱ级评价指标赋值均为 30。

表 2.21　珊瑚礁生物群落评价指标

序　号	指　标	Ⅰ级	Ⅱ级	Ⅲ级	权　重
1	硬珊瑚补充量* （ind. · m^{-2}）	≥5	0.5 < · < 5	≤0.5	0.1
2	鹿角珊瑚属占比（%）	≥20	5 < · < 20	≤5	0.3
3	滨珊瑚属占比（%）	≤5	5 < · < 20	≥20	0.1
4	角孔珊瑚属占比（%）	≤5	5 < · < 20	≥20	0.1
5	盔形珊瑚属占比（%）	≤5	5 < · < 20	≥20	0.1

序　号	指　标		Ⅰ级	Ⅱ级	Ⅲ级	权　重
6	珊瑚礁鱼类密度（ind.·hm^{-2}）		≥3 000	1 600 < · < 3 000	≤1600	0.1
7	珊瑚敌害 生物密度	长棘海星（ind.·hm^{-2}）	≤140	>140		0.1
		核果螺（ind.·hm^{-2}）	≤10	10 < ·< 50	≥50	0.1

注：* 表示计算硬珊瑚补充量时宜去除黑星珊瑚。

2. 生物群落健康指数

生物群落健康指数按公式（2.14）计算。

$$B_{indx} = \frac{\sum_1^m B_i WB_i}{m} \tag{2.14}$$

式中，B_{indx} 为生物群落健康指数；m 为生物群落评价指标总数；B_i 为第 i 项生物群落评价指标赋值；WB_i 为第 i 项生物群落评价指标权重。

当 $B_{indx} \geq 25$ 时，生物群落处于健康状态；当 $15 \leq B_{indx} < 25$ 时，生物群落处于亚健康状态；当 $B_{indx} < 15$ 时，生物群落处于不健康状态。

2.2.3.5　生态系统健康状况

生态健康指数

珊瑚礁生态健康指数按公式（2.15）计算：

$$CEH_{indx} = W_{indx} + E_{indx} + B_{indx} \tag{2.15}$$

式中，CEH_{indx} 为珊瑚礁生态健康指数。

依据 CEH_{indx} 评价珊瑚礁生态系统健康状况：

当 $CEH_{indx} \geq 80$ 时，生态系统处于健康状态；当 $45 \leq CEH_{indx} < 80$ 时，生态系统处于亚健康状态；当 $CEH_{indx} < 45$ 时，生态系统处于不健康状态。

2.2.4　健康评价结果

2.2.4.1　竹蔗寮区域

润洲岛竹蔗寮珊瑚礁区域水环境、栖息地、生物群落三个方面评价要素的评价结果见表 2.22 ~ 表 2.24。

表 2.22 涠洲岛竹蔗寮珊瑚礁区域水环境评价指标赋值结果

序 号	评价指标	评价指标赋值
1	pH	10
2	悬浮物（mg·L^{-1}）	10
3	活性磷酸盐（μg·L^{-1}）	10
4	无机氮（μg·L^{-1}）	10
5	叶绿素 a（μg·L^{-1}）	10
W_{indx}		10

表 2.23 涠洲岛竹蔗寮珊瑚礁区域栖息地评价指标赋值结果

序 号	评价指标	评价指标赋值
1	造礁珊瑚覆盖率（%）	32
2	大型底栖藻类与造礁珊瑚覆盖度比值	4
3	沙底质覆盖率（%）	4
E_{indx}		40

表 2.24 涠洲岛竹蔗寮珊瑚礁区域生物群落评价指标赋值结果

序 号	评价指标	评价指标赋值
1	硬珊瑚补充量（ind.·m^{-2}）	2
2	鹿角珊瑚属占比（%）	6
3	滨珊瑚属占比（%）	1
4	角孔珊瑚属占比（%）	3
5	盔形珊瑚属占比（%）	2
6	珊瑚礁鱼类密度（ind.·hm^{-2}）	3
7	珊瑚敌害生物密度（ind.·hm^{-2}）	6
B_{indx}		23

涠洲岛竹蔗寮珊瑚礁区域生态健康指数为上述三部分评价要素综合赋值的总和，即：$CEH_{indx} = W_{indx} + E_{indx} + B_{indx} = 10 + 40 + 23 = 73$，涠洲岛竹蔗寮珊瑚礁生态系统处于亚健康状态。其中，水环境处于健康状态，栖息地和生物群落处于亚健康状态。

2.2.4.2 牛角坑区域

涠洲岛牛角坑珊瑚礁区域水环境、栖息地、生物群落三个方面评价要素的评价结果见表2.25~表2.27。

表2.25 涠洲岛牛角坑珊瑚礁区域水环境评价指标赋值结果

序　号	评价指标	评价指标赋值
1	pH	10
2	悬浮物（mg·L^{-1}）	6.67
3	活性磷酸盐（μg·L^{-1}）	10
4	无机氮（μg·L^{-1}）	10
5	叶绿素a（μg·L^{-1}）	6.67
	W_{indx}	8.67

表2.26 涠洲岛牛角坑珊瑚礁区域栖息地评价指标赋值结果

序　号	评价指标	评价指标赋值
1	造礁珊瑚覆盖率（%）	48
2	大型底栖藻类与造礁珊瑚覆盖度比值	6
3	沙底质覆盖率（%）	6
	E_{indx}	60

表2.27 涠洲岛牛角坑珊瑚礁区域生物群落评价指标赋值结果

序　号	评价指标	评价指标赋值
1	硬珊瑚补充量（ind.·m^{-2}）	3
2	鹿角珊瑚属占比（%）	6
3	滨珊瑚属占比（%）	1
4	角孔珊瑚属占比（%）	3
5	盔形珊瑚属占比（%）	3
6	珊瑚礁鱼类密度（ind.·hm^{-2}）	3
7	珊瑚敌害生物密度（ind.·hm^{-2}）	6
	B_{indx}	25

涠洲岛牛角坑珊瑚礁区域生态健康指数为上述三部分评价要素综合赋值的总和，即：$CEH_{indx} = W_{indx} + E_{indx} + B_{indx} = 8.67 + 60 + 25 = 93.67$，说明涠洲岛牛角坑珊瑚礁生

态系统处于健康状态。水环境、栖息地、生物群落三个方面都处于健康状态。

2.2.4.3　坑仔区域

涠洲岛坑仔珊瑚礁区域水环境、栖息地、生物群落三个方面评价要素的评价结果见表 2.28 ~ 表 2.30。

表 2.28　涠洲岛坑仔珊瑚礁区域水环境评价指标赋值结果

序　号	评价指标	评价指标赋值
1	pH	10
2	悬浮物（mg·L⁻¹）	10
3	活性磷酸盐（μg·L⁻¹）	10
4	无机氮（μg·L⁻¹）	10
5	叶绿素 a（μg·L⁻¹）	6.67
W_{indx}		9.33

表 2.29　涠洲岛坑仔珊瑚礁区域栖息地评价指标赋值结果

序　号	评价指标	评价指标赋值
1	造礁珊瑚覆盖率（%）	16
2	大型底栖藻类与造礁珊瑚覆盖度比值	6
3	沙底质覆盖率（%）	4
E_{indx}		26

表 2.30　涠洲岛坑仔珊瑚礁区域生物群落评价指标赋值结果

序号	评价指标	评价指标赋值
1	硬珊瑚补充量（ind.·m⁻²）	3
2	鹿角珊瑚属占比（%）	3
3	滨珊瑚属占比（%）	3
4	角孔珊瑚属占比（%）	2
5	盔形珊瑚属占比（%）	3
6	珊瑚礁鱼类密度（ind.·hm⁻²）	3
7	珊瑚敌害生物密度（ind.·hm⁻²）	6
B_{indx}		23

涠洲岛坑仔珊瑚礁区域生态健康指数为上述三部分评价要素综合赋值的总和，

即：$CEH_{indx} = W_{indx} + E_{indx} + B_{indx} = 9.33 + 26 + 23 = 58.33$，说明涠洲岛坑仔珊瑚礁生态系统处于亚健康状态。水环境处于健康状态，栖息地处于不健康状态，生物群落处于亚健康状态。

2.3　模型讨论

评价结果显示，牛角坑珊瑚礁生态系统处于健康状态，竹蔗寮珊瑚礁生态系统、坑仔珊瑚礁生态系统处于亚健康状态，基本符合实际情况。导致处于亚健康状态的原因还是栖息地和生物群落存在问题。竹蔗寮的造礁珊瑚覆盖率较低，硬珊瑚补充量不足，是导致健康指数偏低的主要原因。坑仔最大的问题是造礁珊瑚覆盖率非常低，作为典型的珊瑚礁生态系统，造礁珊瑚覆盖率是最直接的评价指标（权重值为0.8），该项指标直接反映了珊瑚礁生态系统的健康状况。说明目前的评价体系相对合理，评价结果客观可信。

在评价体系的水环境方面，透光率指标随环境和监测时间的变化影响较大，因此选择与该指标类似的悬浮物指标替换。海水温度升高导致的珊瑚礁白化现象[225]，珊瑚礁白化会导致珊瑚礁生态系统严重退化，并影响到全球珊瑚礁生态系统的平衡，水温变化对珊瑚生态系统健康尤其重要[226]，但在本评价指标中未涉及水温指标，主要还是基于两点考虑：一是本标准旨在通过健康评价发现生态问题，珊瑚礁生态系统健康的指标包含了病害（白化）、覆盖度变化等指标，能够较为综合地反映珊瑚礁生态系统受气候变化（水温升高、海洋酸化等）的影响；二是因珊瑚礁海域的地理差异，现有研究成果难以量化与温度变化对应的珊瑚礁损害等级。根据孙有方[227]、Suwa[228]、Viyakarn[229]等国内外学者的研究成果，pH 值低于 7.9，石珊瑚的骨骼生长密度就会受到明显影响，因此在设计指标基准值时将 pH 值标准定为：Ⅰ类为8.0~8.3，Ⅱ类为 7.8~8.0 或 8.3~9.0，Ⅲ类为小于 7.8 或大于 9。

在栖息地方面，因"造礁珊瑚覆盖率"指标与"大型藻类与造礁珊瑚覆盖度比值"指标、"沙底质覆盖率"指标具有关联性，所以设计指标权重时突出了"造礁珊瑚覆盖率"指标的比重。同时，珊瑚覆盖率与可捕捞生物量之间有着广泛的对应关系，比如加勒比海珊瑚礁，在严重过度捕捞的情况下，珊瑚礁刚开始是被非常高的活珊瑚覆盖率所控制，直到食肉海胆死亡后突然转为大型藻类占主导地位。这些研究表明在可捕捞生物量减少后很长一段时间内珊瑚礁可能看起来健康以至于生态系统功能受到破坏，这就强调要确保管理的参考点在为时已晚之前采取行动。当生物量低于 $300\ \text{kg} \cdot \text{hm}^{-2}$ 时，生态系统进程将下降，因此，大型藻类覆盖率的变化和海胆捕食能力的下降可能是影响捕鱼的首要指标[230]。结合实际情况，在珊瑚礁敌害生物方面，列举了长棘海星、核果螺两类敌害生物，主要还是考虑到不同海域的差异性，以及调查的难度，选择这两类敌害生物便于管理部门或者科研人员快速准确评估珊瑚礁受敌害生物的影响。

在珊瑚礁生物群落方面，在指标设计上，选择了使用"珊瑚种类占比"，而非珊瑚种类数，主要考虑的是珊瑚礁生态系统健康的表征应该是造礁珊瑚的占比越高，如鹿角珊瑚属，其系统的健康和稳定程度越高；而与滨珊瑚属、角孔珊瑚属、盔形珊瑚属相对应的占比应以越少为宜。但需要关注的是，对于"硬珊瑚补充量"这一指标要注意选择直径小于 2 cm 的石珊瑚数量，并排除人类干扰大的特定物种，如黑月珊瑚等。同时，根据健康珊瑚礁组织（HRI）的研究报告[231]，考虑到珊瑚礁生态系统的恢复力，制定了硬珊瑚补充量管理标准阈值（$\geqslant 5\ \text{ind.} \cdot \text{m}^{-2}$）。参考涠洲岛海域三条断面中坑仔断面最低（平均密度为 $1\ 700\ \text{ind.} \cdot \text{hm}^{-2}$），珊瑚礁鱼类指标 I 类和 II 类标准分别为 $3\ 000\ \text{ind.} \cdot \text{hm}^{-2}$ 和 $1\ 600\ \text{ind.} \cdot \text{hm}^{-2}$，是相对合理的。

总体来看，涠洲岛珊瑚礁生态系统处于亚健康状态，尤其是栖息地和生物群落部分的硬珊瑚补充量评价结果不容乐观。近几年涠洲岛旅游业发展迅猛，体验式潜水近距离观察珊瑚是涠洲岛最重要的旅游项目之一，大量游客近距离接触珊瑚，对珊瑚礁生态系统扰动较大，而且盗采珊瑚礁的事件时有发生，这些都对珊瑚礁生态系统健康造成了一定的冲击。另外，大量的游客需要船舶运输，增加了涠洲岛周边海域船舶通行的频率，激烈的机械振动和声波干扰等人类活动的干扰，直接导致珊瑚大面积死亡或食物链的破坏以及环境发生大尺度变化。此外，非法捕捞活动，以及电鱼、炸鱼、毒鱼等行为，严重破坏了珊瑚礁及其栖息地环境，容易导致礁盘周边丰富的渔业资源衰退和生态失衡。

通过了解和掌握珊瑚礁生态系统的现状及其变化趋势，确定全球气候变暖导致的水温升高和海岛海岸带开发、资源的过度利用、破坏性的渔业活动等压力的生态效应，为珊瑚礁生态系统的保护、恢复提供管理对策。结合涠洲岛珊瑚礁生态系统特点，提出四个方面的建议措施，具体如下：

（1）加强对珊瑚礁的保护与监管。始终坚持生态优先的原则，确保珊瑚资源得到可持续利用。海洋综合管理部门要做好开发、论证、规划与审批工作，处理好开发和保护关系。开发高层次的旅游项目，应严格管控体验式潜水观察珊瑚项目，对潜水的区域、时段、方式、人数进行控制。加大对非法盗采珊瑚礁的打击力度。取代对珊瑚礁生态有影响的不合理渔业生产方式，既能有效地制止珊瑚礁区域抛锚、拖网、放网、潜水捡螺、炸鱼、毒鱼和采珊瑚等非法活动，又能提供部分经费从而为珊瑚礁科研工作和保护管理工作提供保障。

（2）加大珊瑚礁系统科研力度。对珊瑚礁的白化和死亡现象进行专项调查研究，分析其主要影响因素，如长棘海星侵蚀、激烈的扰动、非法渔业活动、海洋气候变化等。建议设立专项珊瑚礁保护资金，鼓励科研人员深入地调查研究珊瑚礁，加强监测频率，摸清珊瑚生长过程中发生不良变化的原因。

（3）提升海洋生态保护能力。保护珊瑚礁生态系统生物群落，禁止破坏性及掠夺性的捕鱼方法。特别是在造礁珊瑚发生有性生殖的 3 ~ 5 月，加强对珊瑚礁的保护，对于任何有损于珊瑚礁的捕鱼行为要严格禁止，以保证珊瑚虫的顺利生长和发育。建立污水处理厂，将居住区的生活污水和养殖污水等废水统一收集，经过污水处理厂处理达标后，循环二次使用或根据要求排放到相应的位置和水深点。

（4）全面开展珊瑚礁环保宣传。向周边居民、渔民进行全面宣传教育，普及生态科学知识，提高海洋环境保护意识；设立公众举报电话，对一切破坏珊瑚礁的渔业行为进行监督、制止和打击；提高民众的珊瑚礁保护意识，促进了解珊瑚礁生态系统的重要性、脆弱性与其恢复的艰难性常识，使居民、渔民将珊瑚礁生态环境保护意识融入自己的日常生活和工作中，形成人与自然和谐共生的生产生活方式和社会价值观。

2.4　本章小结

（1）珊瑚礁典型生态系统健康评价指标体系包括：水环境质量状况、栖息环境状况、珊瑚礁群落等 3 大类 15 项指标，其中，水环境权重分值为 10，栖息地权重分值为 60、生物群落权重分值为 30。

（2）涠洲岛海域水质状况良好，各监测站位的环境指标均符合第一类海水水质标准。在涠洲岛海域，牛角坑造礁珊瑚覆盖率最高，为 39.30%；坑仔造礁珊瑚覆盖率最低，为 14.9%。硬珊瑚种类 9 科 18 属 25 种，优势种为澄黄滨珊瑚 *Porites lutea*、十字牡丹珊瑚 *Pavona decussata*、秘密角蜂巢珊瑚 *Favites abdita*。涠洲岛海域发现珊瑚礁鱼类 7 种，以雀鲷科种数最多，与阿克巴湾海域的研究结果相近[232]。其中，牛角坑断面平均密度最高，为 6.34 ind.·m^{-2}；坑仔断面最低，为 0.17 ind.·m^{-2}；黄尾新雀鲷 *Neopomacentrus azysron* 为该海域的优势种。涠洲岛生态调查共采集到大型底栖动物 5 大类 38 种，牛角坑断面大型底栖动物密度最高，为 208 ind.·hm^{-2}；竹蔗寮断面最低，为 144 ind.·hm^{-2}。大型底栖生物生物量牛角坑断面最高，为 451.48 g·m^{-2}；坑仔断面最低，为 228.10 g·m^{-2}。生物多样性指数方面丰富度指数 H' 和优势度指数 D 牛角坑断面最高，均匀度指数 J 则是坑仔断面最高。

（3）涠洲岛海域牛角坑珊瑚礁生态系统处于健康状态，竹蔗寮、坑仔珊瑚礁生态系统处于亚健康状态。其中，竹蔗寮水环境处于健康状态，栖息地和生物群落处于亚健康状态；牛角坑水环境、栖息地、生物群落三方面均处于健康状态。坑仔水环境处于健康状态，栖息地处于不健康状态，生物群落处于亚健康状态。总体来看，涠洲岛海域珊瑚礁生态系统处于亚健康状态，其主要问题是栖息地和生物群落受到不同程度的扰动。

（4）涠洲岛海域部分珊瑚礁生态系统的造礁珊瑚覆盖度和硬珊瑚补充量评价结果不容乐观，主要问题还是人类活动干扰导致的生态系统退化。针对这一问题提出如下保护建议：加大珊瑚礁保护与监管力度，要做好开发、论证、规划与审批工作，处理好开发和保护之间的关系；加大珊瑚礁系统科研力度，对珊瑚礁的白化和死亡现象进行调研分析；提升海洋生态保护能力，禁止破坏性及掠夺性的捕鱼方式；全面开展珊瑚礁环保宣传，提高民众的珊瑚礁保护意识。

3.1　研究方法

3.1.1　评价模型构建

3.1.1.1　评价指标体系

　　海草床生态系统包括水环境、沉积环境、栖息地、生物群落四大类指标，指标及生态学意义见表3.1。

表3.1　海草床生态系统健康评价指标及生态学意义

指　标		生态学意义
水环境	透光率	海草需要的最低光照强度是陆地的 10%～20%，光照降低对海草的生产力及海草群落结构均有影响
	悬浮物	沉积物的再悬浮降低了光的有效性，导致光合作用下降和生长缓慢
	富营养化指数	营养盐增加导致富营养化，浮游植物数量增加，透光率降低，影响光合作用
沉积环境	有机碳	反映沉积环境有机污染的状况
	硫化物	

续表

指　标		生态学意义
栖息地	海草面积	海草栖息地面积的稳定是海草生境健康的重要标志
	表层沉积物主要粒径组分含量	沉积物粒度变化（粒径组分含量改变）对于海草的生长、分布影响显著
生物群落	海草盖度	海草床群落的特定指标盖度、密度、株高等可以反映出自然变化及人为因素引起的海草床生态系统的变化情况
	海草密度	
	海草株高	
	底栖动物生物量	大部分底栖生物不同于浮游生物和游泳动物，运动能力有限，栖息环境相对稳定，能够表征一定时期内的环境变化
	底栖动物密度	

3.1.1.2　评价方法

海草床生态系统健康评价标准模型构建方法参见2.1.1部分。

3.1.2　生态环境调查

3.1.2.1　站位布设

广西北海铁山港海草床生物多样性监测站位经纬度见表3.2。

表3.2　广西北海铁山港海草床生物多样性监测站位表

区域	监测区域	站位编号	经度（E）	纬度（N）
北海铁山港海草床	沙背	1	109°37′32″	21°31′18″
		2	109°37′26″	21°31′24″
		3	109°37′19″	21°31′30″
	榕根山	4	109°41′28″	21°29′26″
		5	109°41′29″	21°29′26″
		6	109°41′30″	21°29′26″
	山寮	7	109°42′26″	21°28′42″
		8	109°42′23″	21°28′38″
		9	109°42′21″	21°28′34″

3.1.2.2 监测指标

水环境质量：透光率、水温、pH、溶解氧、化学需氧量、盐度、氨氮、硝酸盐氮、亚硝酸盐氮、活性磷酸盐、石油类、悬浮物质、铜、锌、总铬、汞、镉、铅、砷、叶绿素 a。

沉积环境：硫化物、石油类、有机碳、铜、锌、铬、汞、镉、铅、砷、粒度。

生物质量：监测 1~2 种经济贝类污染物残留状况，包括铜、锌、铬、总汞、镉、铅、砷、石油烃和麻痹性贝毒。

栖息地状况：海草分布面积。

生物群落：海草盖度、海草生物量、海草密度、底栖动物生物量。

3.1.2.3 调查评价方法

1. 海草群落监测

广西北海生态海草床海草群落生物多样性监测指标见表 3.3。广西北海海草群落监测与分析方法见表 3.4。

表 3.3 广西北海生态海草床海草监测指标

生态系统类型	监测项目	监测要素
海草床生态系统	海草群落	种类组成、分布面积、盖度、生物量、密度
	底栖生物	种类组成、栖息密度、生物量

表 3.4 广西北海海草床海草群落监测方法

监测项目	指标	监测方法
海草群落	分布面积、盖度、生物量、密度、种类	现场监测、拍照

1）海草群落调查步骤

以各调查站位为中点，各沿平行于等深线的方向设置一条 50 m 长的样带，在各条样带上按计算机所提供的 1~50 的 12 个不重复的随机数，在样带所在位置上分别设置并调查 12 个 50 cm×50 cm 的样方（图 3.1）。

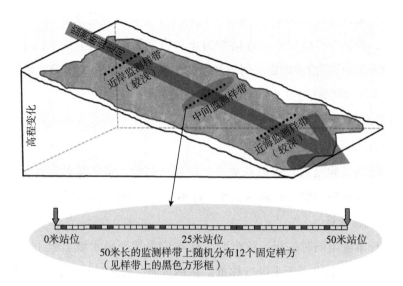

0米站位　　　　　　　　　　25米站位　　　　　　　　　　50米站位
50米长的监测样带上随机分布12个固定样方
（见样带上的黑色方形框）

图 3.1　海草群落调查站位布局与样方布设图①

调查指标包括海草种类、海草高度等。如果样方内存在海草，须使用柱状采样器进行海草采样。此外，需对每一个调查样方进行照相记录[233]。

2）室内实验

将海草样品带回实验室进行器官归类（叶片、叶柄、叶鞘和花、果、种子归为地上部分，根状茎与根归为地下部分），并分别对花、果和垂直茎进行计数，随后置入烘箱，以80℃烘烤至恒重，接着分别对地上部分与地上部分进行称重。

3）资料处理

汇总各断面、站位所调查的海草种类、面积、覆盖度、生物量、枝密度。其中，枝密度单位统一换算为 shoots·m^{-2} 的单位格式，生物量单位统一换算为 g·m^{-2} 的单位格式。

2. 海草床大型底栖动物调查

1）野外采样和初步处理

大型底栖动物取样采用 25 cm×25 cm 的定量框，调查要素包括生境中大型底栖动物的种类组成、数量（栖息密度和生物量）。

取样时，先收集框内表面可见的生物，依据样方框大小划定范围，迅速铲取框

---

① 邱广龙，范航清，周浩郎，等. 基于 SeagrassNet 的广西北部湾海草床生态监测 [J]. 湿地科学与管理，2013（1）：5.

内土壤样品，采样深度 30 cm。土壤样品被运送至潮沟有充足水源处，分批多次倒入分选套筛中，筛洗至可以清晰分拣动物为止。将套筛截留的生物挑拣干净，放入塑料瓶中，加入5%甲醛溶液固定。用记号笔在塑料瓶身写明：断面号、站位号、定量/定性样品、采样时间等信息。同时填写好野外记录表。

2）样品分析

（1）样品分离和分类鉴定

将样品带回实验室后，按调查地点、断面、站号，将定量和定性标本分开；依据野外记录，核对各站取得的标本瓶数。标本的分离和鉴定同时进行。

（2）称重、计算

称重和标本鉴定同时进行。称重时，标本应先置于吸水纸上吸干体表水分，再采用感量为 0.01 g 的电子天平进行称重。在称重前，先按种计算各种生物的个体数。依据取样面积，将记录表中各种数据换算为单位面积的栖息密度（ind. $\cdot$ m^{-2}）和生物量（g $\cdot$ m^{-2}）。

3.2 评价结果

3.2.1 环境概况

广西北部湾海域，属南亚热带海洋性季风气候，海草床的优势种为喜盐草，以海草为食的国家一级保护动物儒艮就生活在这片海域[234]。据调查，广西北部湾海草床总面积约为 942.2 hm^2，占全国海草总面积的十分之一。广西北部湾海草床主要种类见表 3.5。

表 3.5　广西北部湾海草床的现代分布状况

分布区域	面积（hm^2）	主要种类
北海市铁山港沙背	283.1	喜盐草、矮大叶藻、小喜盐草、贝克喜盐草
北海市铁山港北暮	170.1	喜盐草、矮大叶藻、小喜盐草、贝克喜盐草
北海市山口乌坭	94.1	喜盐草

分布区域	面积（hm²）	主要种类
北海市铁山港下龙尾	79.1	喜盐草、矮大叶藻、小喜盐草、贝克喜盐草
北海市铁山港川江	73.3	喜盐草、二药藻
防城港市交东（珍珠湾）	41.6	矮大叶藻、贝克喜盐草
北海市沙田山寮	14.3	矮大叶藻
钦州市纸宝岭	10.7	贝克喜盐草
北海市山口单兜	10.7	贝克喜盐草
其他零星分布点	165.2	喜盐草、矮大叶藻、贝克喜盐草等
北部湾（总计）	942.2	

数据来源：郭雨昕. 广西北部湾海草床生态经济价值评估与保护对策 ［J］. 现代农业科技，2019（02）：170 – 173.

3.2.2　调查结果

2018 年广西北海海草床群落调查结果见表3.6。

表 3.6　2018 年广西北海海草床监测海草群落调查结果

监测断面		站位	海草种类	面积（hm²）	海草覆盖（%）	大型藻类覆盖（%）	海草密度与生物量			
							枝密度（shoots·m⁻²）	生物量（g·m⁻²）		
								地上部分	地下部分	总生物量
北海铁山港	沙背	1	Ho.	48.72	35.0	0	176	2.755	1.291	4.046
		2	Ho.		18.0	0	112	1.764	0.838	2.601
		3	Ho.		24.0	0	144	2.048	1.035	3.083
	山寮	7	—	0	0	0	0	0	0	0
		8	—		0	0	0	0	0	0
		9	—		0	0	0	0	0	0
	榕根山	4	Hb.	9.14	42.0	0	8 080	11.072	12.115	23.187
		5	Hb.		63.0	0	9 480	19.271	16.389	35.659
		6	Hb.		39.0	0	7 872	9.079	10.141	19.219

3.2.2.1　北海沙背草场监测结果

北海沙背海草床位于铁山港深水槽东侧流沙脊边滩涂。海草床面积约 48.72 hm²，本次调查仅见喜盐草（*Halophila ovalis*），与上年同期相比，海草覆盖度情况有所下降，见图 3.2。

图 3.2　北海沙背中心海草床喜盐草分布状况

从海草覆盖度来看，1 号站位最高，为 35.0%，其次是 3 号站位，为 24.0%，2 号站位最低，仅为 18.0%。从密度来看，1 号站位最高，为 176 shoots · m⁻²，其次是 3 号站位，为 144 shoots · m⁻²，2 号站位最低，为 112 shoots · m⁻²。

从海草总生物量来看，1 号站位最高，为 4.046 g · m⁻²。其次是 3 号站位，为 3.083 g · m⁻²。2 号站最低，为 2.601 g · m⁻²。

3.2.2.2　北海榕根山草场监测结果

北海榕根山海草床位于沙田港东南约 5 km 处的滩涂。海草床面积约 9.14 hm²，本次调查仅见贝克喜盐草（*Halophila beccarii*），见图 3.3。

从海草覆盖度来看，5 号站位最高，为 63.0%，其次是 4 号站位，为 42.0%，6 号站位最低，为 39.0%。从密度来看，5 号站位最高，为 9 480 shoots · m⁻²，其次是 4 号站位，为 8 080 shoots · m⁻²，6 号站位密度最低，为 7 872 shoots · m⁻²。

从海草总生物量来看，5 号站位最高，为 35.659 g · m⁻²；其次是 4 号站位，为

$23.187\,\mathrm{g}\cdot\mathrm{m}^{-2}$；6 号站位最低，为 $19.219\,\mathrm{g}\cdot\mathrm{m}^{-2}$。

图 3.3　北海榕根山贝克喜盐草分布状况

3.2.3　健康评价模型

3.2.3.1　评价指标类别与权重分值

海草床生态健康评价包括水环境、沉积环境、栖息地、生物群落四类指标，各类指标的权重分值见表 3.7。

表 3.7　海草床生态系统指标权重分值

指　标	水环境	沉积环境	栖息地	生物群落
权重分值	15	10	25	50

3.2.3.2　水环境

1. 评价指标及赋值

水环境评价包括透光率、悬浮物、富营养化指数三类指标，各评价指标见表 3.8。水环境指标的权重分值为 15，按照 Ⅰ 级、Ⅱ 级、Ⅲ 级进行赋值。其中各指标 Ⅰ 级赋值为 15，Ⅱ 级赋值为 10、Ⅲ 级赋值为 5。

表 3.8　海草床水环境评价指标

序　号	指标	Ⅰ级	Ⅱ级	Ⅲ级
1	透光率（%）	≥20	10≤·<20	<10
2	悬浮物（mg/L）	≤15	15<·≤25	>25
3	富营养化指数	≤3	3<·≤9	>9

2. 评价指标计算方法

水环境各项评价指标计算方法参见 2.1.3.2 部分。

3. 水环境健康指数

水环境健康指数按公式 8 计算。

当 $W_{indx} \geq 12.5$ 时，水环境为健康；当 $7.5 \leq W_{indx} < 12.5$ 时，水环境为亚健康；当 $W_{indx} < 7.5$ 时，水环境为不健康。

3.2.3.3　沉积环境

1. 评价指标及赋值

沉积环境评价包括有机碳含量、硫化物含量两类指标，各评价指标见表 3.9。沉积环境指标的权重分值为 10，按照Ⅰ级、Ⅱ级、Ⅲ级进行赋值。其中各指标Ⅰ级赋值为 10，Ⅱ级赋值为 5、Ⅲ级赋值为 1。

表 3.9　海草床沉积环境评价指标

序　号	指标	Ⅰ级	Ⅱ级	Ⅲ级
1	有机碳含量（%）	≤2	2<·≤4	>4
2	硫化物含量（$\mu g \cdot g^{-1}$）	≤300	300<·≤600	>600

2. 评价指标计算方法

各项评价指标按公式（3.1）计算：

$$S_q = \frac{\sum_{1}^{n} S_{qi}}{n} \tag{3.1}$$

式中，S_q 为沉积环境中第 q 项评价指标数值；n 为评价区域监测点位总数；S_{qi} 为沉积环境中第 i 个点位第 q 项评价指标赋值。

沉积环境健康指数计算按公式（3.2）计算：

$$S_{\text{indx}} = \frac{\sum_1^m S_q}{m} \qquad (3.2)$$

式中，S_{indx} 为沉积环境健康指数；m 为评价指标总数；S_q 为第 q 项评价指标数值。

当 $S_{\text{indx}} \geqslant 7.5$ 时，沉积环境为健康；当 $3 \leqslant S_{\text{indx}} < 7.5$ 时，沉积环境为亚健康；当 $S_{\text{indx}} < 3$ 时，沉积环境为不健康。

3.2.3.4 栖息地

1. 评价指标及赋值

栖息地评价包括海草分布面积变化、表层沉积物主要粒径组分含量年度变化两类指标，各评价指标见表 3.10。栖息地指标的权重分值为 25，按照 Ⅰ 级、Ⅱ 级、Ⅲ 级进行赋值。其中各指标 Ⅰ 级赋值为 25，Ⅱ 级赋值为 15、Ⅲ 级赋值为 5。

表 3.10　海草床栖息地评价指标

序　号	指　标	Ⅰ级	Ⅱ级	Ⅲ级
1	海草分布面积变化 *	无变化或增加	减少≤10%	减少>10%
2	表层沉积物主要粒径组分含量年度变化	≤5%	5%<·≤10%	>10%

注：＊表示海草分布面积宜按海草覆盖度超过 5% 的区域面积计算。

2. 评价指标计算方法

1）海草分布面积变化

海草分布面积变化按公式（3.3）计算：

$$SA = \frac{SA_{-1} - SA_0}{SA_{-1}} \times 100\% \qquad (3.3)$$

式中，SA 为分布面积变化；SA_{-1} 为前 1 年的分布面积；SA_0 为评价时的分布面积。

2）沉积物主要组分含量变化

沉积物主要组分含量年度变化赋值按公式（3.4）计算：

$$SG = \frac{\sum_1^n SG_i}{n} \qquad (3.4)$$

式中，SG 为评价区域沉积物主要组分含量年度变化数值；n 为评价区域监测点位总数；SG_i 为第 i 个点位沉积物主要组分含量年度变化赋值（见表3.5）。

3）栖息地健康指数

栖息地健康指数按公式（3.5）计算：

$$E_{\text{indx}} = \frac{\sum_1^m E_i}{m} \tag{3.5}$$

式中，E_{indx} 为栖息地健康指数；m 为栖息地评价指标总数；E_i 为第 i 项栖息地评价指标数值。

当 $E_{\text{indx}} \geq 20$ 时，栖息地为健康；当 $10 \leq E_{\text{indx}} < 20$ 时，栖息地为亚健康；当 $E_{\text{indx}} < 10$ 时，栖息地为不健康。

3.2.3.5 生物群落

1. 评价指标及赋值

生物群落评价包括海草盖度、海草密度、海草株高、大型底栖动物生物量、大型底栖动物密度五类，各评价指标见表 3.11。生物群落指标的权重分值为50，按照Ⅰ级、Ⅱ级、Ⅲ级进行赋值。其中各指标Ⅰ级赋值为50，Ⅱ级赋值为30，Ⅲ级赋值为10。海草盖度的指标权重为0.4、海草密度的指标权重为0.2、海草株高的指标权重为0.2、大型底栖动物生物量的指标权重为0.1、大型底栖动物密度的指标权重为0.1。

表 3.11　海草床生物群落评价指标

序 号	指 标	Ⅰ级	Ⅱ级	Ⅲ级
1	海草盖度	≥60%	20%≤·<60%	<20%
2	海草密度	无变化或增加	减少≤10%	减少>10%
3	海草株高	无变化或增加	减少≤10%	减少>10%
4	大型底栖动物生物量	减少≤10%或增加	减少≤20%	减少>20%
5	大型底栖动物密度	减少≤10%或增加	减少≤20%	减少>20%

2. 评价指标计算方法

上述各指标的平均值按公式（3.6）计算：

$$B_0 = \frac{\sum_1^n B_i}{n} \tag{3.6}$$

式中，B_0 为监测时的平均值；n 为评价区域监测样方总数；B_i 为第 i 个样方测值。

上述各指标年度变化按公式（3.7）计算：

$$B = \frac{B_{-1} - B_0}{B_{-1}} \times 100\% \qquad (3.7)$$

式中，B 为变化值；B_{-1} 为前 1 年的平均值；B_0 为监测时的平均值。

3. 生物群落健康指数

生物群落健康指数按公式（2.10）计算。

当 $B_{indx} \geq 40$ 时，生物群落为健康；当 $20 \leq B_{indx} < 40$ 时，生物群落为亚健康；当 $B_{indx} < 20$ 时，生物群落为不健康。

海草床生态健康指数按公式（3.8）计算：

$$CEH_{indx} = W_{indx} + S_{indx} + E_{indx} + B_{indx} \qquad (3.8)$$

式中，CEH_{indx} 为海草床生态健康指数。

4. 生态系统健康指数

依据 CEH_{indx} 评价海草床生态系统健康状况：

当 $CEH_{indx} \geq 80$ 时，生态系统处于健康；

当 $40 \leq CEH_{indx} < 80$ 时，生态系统处于亚健康；

当 $CEH_{indx} < 40$ 时，生态系统处于不健康。

3.2.4 健康评价结果

3.2.4.1 水环境评价

海草床生态系统水环境指标包括透光度、盐度、SS、DIP、DIN 等。经统计分析，海草床生态系统水环境评价结果见表 3.12，北海铁山港海草床生态系统水环境健康评价值为 11，按照海草生态系统健康评价等级标准判断，调查样地水环境为健康。

表 3.12　海草床生态系统水环境评价

调查区域	赋　值				水环境健康评价
	透光率	悬浮物	富营养化	平均	
北海铁山港	10	5	15	10	亚健康

3.2.4.2　沉积物环境评价

海草床生态系统沉积物环境评价内容主要为硫化物含量和有机碳含量。经统计分析，海草床生态系统沉积物环境评价结果见表 3.13，北海铁山港海草床生态系统沉积物指数为 10，按照海草床生态系统健康评价等级标准判断，调查样地沉积环境为健康。

表 3.13　海草床生态系统沉积环境质量评价

调查区域	赋　值			沉积环境健康评价
	硫化物	有机碳	平均	
北海铁山港	10	10	10	健康

3.2.4.3　栖息地评价

海草床生态系统栖息地评价内容主要为沉积物主要组分含量年度变化和海草分布面积减少。经统计分析，海草床生态系统栖息地评价结果见表 3.14，北海铁山港海草床生态系统栖息地评价值为 15，按照海草床生态系统健康评价等级标准判断，调查样地栖息地为亚健康。

表 3.14　海草床生态系统栖息地评价

调查区域	赋　值			栖息地健康评价
	沉积物主要组分含量年度变化	海草分布面积减少	平均	
北海铁山港	15	15	15	亚健康

3.2.4.4　生物评价

海草床生态系统生物指标评价内容主要为海草盖度、海草株高、海草密度、底栖密度、底栖生物量。经统计分析，海草床生态系统生物指标评价结果见表 3.15，北海铁山港海草床生态系统生物指标评价值为 50，按照海草生态系统健康评价等级标准判断，调查样地生物为健康。

表 3.15　海草床生态系统生物指标评价

调查区域	赋　值						生物健康评价等级
	海草盖度	海草株高	海草密度	底栖密度	底栖生物量	平均	
北海铁山港	50	50	50	50	50	50	健康

3.2.4.5　海草床生态系统健康状态评价

海草床生态系统健康评价包括水环境、沉积环境、栖息地和生物群落。经统计分析，海草床生态系统健康状态评价结果见表 3.16，北海铁山港海草床生态系统健康评价值为 85，按照海草床生态系统健康状态评价等级标准判断，北海铁山港海草床生态系统为健康。其中调查地海草床栖息环境的评价指数相对较低，为亚健康，其余各项要素评价结果均为健康。

表 3.16　海草床生态系统健康状况评价

调查区域	赋　值					生态健康评价等级
	水环境	沉积环境	栖息地	生物群落	健康指数	
北海铁山港	10	10	15	50	85	健康

3.3　模型讨论

北海铁山港海草床生态系统属于健康。其中，栖息地为亚健康，水环境、沉积环境和生物群落评价指标均为健康。栖息地沉积物主要组分含量变化，海草分布面积减少是亚健康的主要原因。

在评价体系的水环境方面，将海草床生态系统水质中悬浮物的评价标准进行了优化。通过对 2019 年和 2020 年广西北海和海南东海岸海草床海域水质中悬浮物的数据进行整理和分析，发现水质中悬浮物浓度大于 6 mg·L^{-1} 的站位数量占比达73%，按照标准设置的悬浮物含量基准过于严格。结合 2019—2020 年我国海草床分布区域的监测数值，并参考美国墨西哥湾的海草床评价标准（悬浮物浓度 < 15 mg·L^{-1} 为好，15～25 mg·L^{-1} 为较好，> 25 mg·L^{-1} 为差），对悬浮物指标进行了适应性调整。无机氮和活性磷酸盐是判断水质的重要指标，同时也是红树林等植物的重要营养物质，如果仅作为衡量水质的污染因子显然是不合适的，因此本研究中，使用了富营养化指数替代氮、磷指标，高度富营养化水体中丰富的浮游生物、有机碎屑为团水虱的爆发提供了食物条件，延长了团水虱潜在水中觅食和侵蚀红树的时间，加速对红树林的危害[235]。

在沉积环境方面，评价指标包括有机碳和硫化物含量，评价基准为《海洋沉积物质量》中第一、第三类标准限值，符合第一类标准的确定为Ⅰ类，符合第三类标准的确定为Ⅱ类，超出第三类以上的均为Ⅲ类。经比对，北海海草床沉积环境中有机碳和硫化物均符合第一类标准。

在栖息地方面，参考《海草床生态修复技术规程》[236]。一般认为，海草群落的面积超过 1 000 m² 时才可被称为海草床。

评价结果显示，北海红树林总体呈健康状态，但是栖息地仍然受到一定威胁。北海英罗至沙田岸段滩涂曾经是北海海草床的中心区域，也是保护动物儒艮的主要栖息地之一。近年来由于外来物种护花米草的入侵，使滩涂底质发生变化，其大量繁殖也使相对脆弱的海草分布越发缩小。在榕根山近岸可见大量护花米草斑块间裸露的滩涂上生长有少量海草。随着护花米草的快速繁殖，区域海草面积渐趋减少，见图3.4。

图3.4 北海榕根山区域互花米草分布情况

裸体方格星虫 *Sipunculus nudus* 又称沙虫，是北海沿海重要经济物种。由于其较高的市场价值，退潮后众多渔民到滩涂上进行捕捞，由于捕捞沙虫的活动，滩涂变得满目疮痍，见图 3.5，高峰期时，滩涂上有超过 100 人同时在进行挖沙虫活动。此外，非法捕捞、违规电鱼等人类活动导致海草床生态系统生物量锐减。一些捕捞行为致使海草被连根拔起，对海草自身生长破坏严重，有时在耙螺的过程中，可能会直接挖掘底泥，将海草连根拔起，围网、四角网、拖网和三层刺网等渔业作业过程可能清除和践踏海草，对海草的生长和环境也造成了一定影响和破坏。随着自然资源过度开发，天然经济动物资源锐减，滩涂养殖活动愈加频繁。

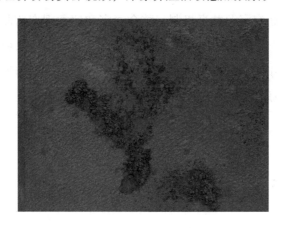

图 3.5　滩涂捕捞活动对海草床的影响

针对海草床生态系统存在的问题，建议从以下几个方面开展保护与修复工作。

（1）加强宣传教育建设，增强人们的环保意识。借助新闻媒体、网络平台开展宣传，提高地方政府和当地居民对保护海草资源的认识。建立海草床生态教育示范基地，普及宣贯海草保护知识，切实做到进社区、进校园，使地方政府、当地居民、渔民能够深刻领悟"绿水青山就是金山银山"的理念。

（2）加强海草床保护区建设，建立和完善相关法律法规。我国目前尚无针对海草床的保护法规。近期，新版《海洋生态环境保护法》获得全国人大常委会表决通过，应依此为契机，尽快研究制定与海草保护相关的配套法律法规，建立海草保护区、国家公园等，形成海草生态系统的整体保护格局。

（3）严格施行法律法规，加强保护与监管。任何涉海工程等用海项目必须按照步骤，认真科学地做好海洋环境评价、海域使用论证、项目用海规划与项目审批工作，并针对部分投入使用的海域定期进行监测和评估。严格加强排污管理，限制海上人类活动行为导致的污染排放问题，对一些非法的渔业、经营活动和违规用海等行为依法予以治理并开展教育工作。

（4）深化海草生态系统研究，培养科技人才。珊瑚礁、红树林研究热度高，资金和人员投入也高，说明海草床生态系统保护并没有得到足够的重视，应该加大海草研究领域的资源投入，加强国际合作交流，学习先进国家的海草保护与修复先进经验，取长补短，尽快建立健全我国海草领域研究体系，抓紧开展海草的病害研究、退化海草床生态系统的修复技术研究、海草的生理与生态、海草的繁殖与栽培技术的研究等。

（5）建立海草研究资源共享机制。整合国家和地方现有监测机构，吸引第三方企业等社会力量加入，建立全国海草监测体系，建立海草信息数据库，以数据、图文等多种形式公开分享科研成果，并及时进行数据维护，为管理部门、科研工作者、社会公益人士提供海草保护的权威技术支撑。

3.4 本章小结

（1）海草床生态系统健康评价指标体系包括水环境、沉积环境、栖息地和生物群落等4大类共12项指标，其中，水环境权重分值为15，沉积环境权重分值为10，栖息地权重分值为25、生物群落权重分值为50。

（2）海草床生态系统具有极高的生产力，属于相对稳定的近岸海洋生态系统。由于其处于离岸较近的浅水海域，因此很容易受到人类活动和陆地开发的影响，超出其自我调控能力后，将导致海草床生态系统的结构功能等不稳定或退化，如出现海草群落结构改变、水质质量下降、生物减少，藻类增多等情况。

（3）北海海草床生态系统总体呈健康状态，但近年来受海洋工程等的直接或间接影响，海草面积有所下降。部分海草床因直接清除以及养殖活动、旅游活动和日常生活引起的营养负荷，致使海草衰亡。建议从加强宣传教育建设，增强人们的环保意识；加强海草床保护区建设，建立和完善相关法律法规；严格施行法律法规，加强保护与监管；深化海草生态系统研究，培养科技人员；建立海草研究资源共享机制等5个方面开展海草生态系统的全面保护与修复工作。

红树林生态系统健康评价

4.1 研究方法

4.1.1 评价模型构建

4.1.1.1 评价指标体系

红树林生态系统包括水环境、生物质量、栖息地、生物群落四大类指标,各指标及生态学意义见表4.1。

表 4.1 红树林生态系统健康评价指标及生态学意义

指标		生态学意义
水环境	盐度	盐度是决定红树林植物分布、区系及群落结构的重要环境因子,其改变对红树林有重要影响
	COD	污水排放导致 COD 升高,也会影响红树林生长,导致年凋落物量增加
	石油类	红树幼苗在石油类的浸渍下,其生长、呼吸和蒸腾机能会发生变化,对红树林生长产生影响

指　标		生态学意义
生物质量	Hg、Cd、Pb、As、石油烃	重金属等污染物容易在海洋生物体内富集，鱼虾贝藻通过食物链进入生物体，蓄积到一定程度会威胁到生物体健康。因此，生物质量一定程度上反映了环境压力状况和污染水平
栖息地	红树林面积	由于红树林受到人类活动的影响，如围塘养虾、农田开垦、筑路、采矿、城市发展等，导致红树林湿地面积减少，红树林植被退化，湿地的总面积代表湿地生境的变化情况及受人类活动及自然变化影响的结果
	互花米草入侵	互花米草是禾本科多年生草本植物，根系发达，由于其具有极强的耐盐、耐淹和繁殖能力，在海岸带快速蔓延，对红树林属地湿地的生物多样性维持等构成严重威胁，成为危害性极强的入侵植物
	绿潮灾害	大量繁殖的浒苔、大型有害藻类会遮蔽阳光，死亡的浒苔和大型有害藻类也会消耗海水中的氧气；浒苔体内的化学成分也会对红树林等海洋生物产生威胁，破坏海洋生态系统，对红树林的生长不利；另外，浒苔对红树林苗木易造成机械伤害，海水退潮后，大量的浒苔缠绕在红树林的枝干、树丫、根部，增加潮水对苗木的冲击力，导致苗木被水流冲走
	人类扰动	围塘养殖、修建海堤、挖捕动物、污染排放、旅游等人类活动，直接或间接导致红树林及其生境破坏
生物群落	覆盖度	红树林群落的特定指标覆盖度、密度、成活率、种类组成、平均树高等可以反映出自然变化及人为因素引起的红树林生态系统的变化情况
	成活率	
	密度	
	种类组成	
	平均树高	
	大型底栖动物密度、生物量	底栖动物生物量、密度是反映依赖于红树林生境生存的底栖动物群落结构变化的重要指标
	病虫害受损率	反映遭受病虫害危害的程度，间接指示红树林健康状态。红树林病害主要为真菌病害，包括炭疽病等；害虫种类多，危害重，主要是食叶性的蛾类等
	鸟类优势种种群数量变化	红树林是鸟类的重要栖息地，鸟类可以作为指示生物，鸟类优势种数量变化可以一定程度反映红树林的健康状况和服务功能

4.1.1.2　评价方法

红树林生态系统健康评价方法参见 2.1.1 部分。

4.1.2　生态环境调查

4.1.2.1　站位布设

山口红树林生态系统监测共有 17 个监测站位，包括 13 个红树林生物群落站位、6 个潮间带站位、5 个水质站位、4 个沉积物站位和 1 个生物体质量站位，见表 4.2。

表 4.2　山口红树林生态系统监测站位经纬度

站位	经度（°）	纬度（°）	监测项目
1	109.7570	21.5289	红树林生物群落
2	109.7604	21.5268	红树林生物群落、潮间带生物
3	109.7459	21.5597	红树林生物群落
4	109.6710	21.5565	红树林生物群落
5	109.7579	21.5249	红树林生物群落、潮间带生物
6	109.7604	21.4965	红树林生物群落、潮间带生物
7	109.7633	21.4941	红树林生物群落、潮间带生物
8	109.6688	21.5551	红树林生物群落
9	109.6667	21.5549	红树林生物群落、潮间带生物
10	109.6664	21.5358	红树林生物群落
11	109.7494	21.5572	红树林生物群落、潮间带生物
12	109.7601	21.4962	红树林生物群落
13	109.7622	21.4955	红树林生物群落
16	109.7678	21.5167	水质、沉积物
17	109.6600	21.5997	水质、沉积物
18	109.6575	21.5833	水质、沉积物
19	109.7642	21.4917	水质、沉积物、生物体质量

4.1.2.2　监测指标

水环境质量：水温、pH、溶解氧、化学需氧量、盐度、硝酸盐、亚硝酸盐、氨氮、活性磷酸盐、石油类、悬浮物、铜、锌、铬、汞、镉、铅、砷、叶绿素 a。

生物质量：监测 1～2 种经济贝类污染物残留状况，包括铜、锌、铬、总汞、镉、铅、砷、石油烃和麻痹性贝毒。

栖息地状况：红树林面积、土壤盐分、硫化物、石油类、有机碳、铜、锌、铬、汞、镉、铅、砷、粒度。

生物群落：红树林覆盖度、红树林密度、底栖动物密度、底栖动物生物量、红树林病害发生面积；可选择开展海鸟种类、数量等监测。

4.1.2.3　调查评价方法

1. 水环境监测

水样的采集的站位布设在有山口红树林分布的潮间带和潮下带，在高潮时进行现场测定并采集水样（每个站位仅测定和采集表层水样）。相关监测指标和参考标准见表4.3。

表4.3　山口红树林水环境的监测指标和参考标准

指　标	方　法	参考标准
水温	表层水温表法	—
pH	pH 计法	GB 17378.4—2011
溶解氧	碘量法	GB 17378.4—2011
化学需氧量	碱性高锰酸钾法	GB 17378.4—2011
盐度	盐度计法	GB 17378.4—2011
硝酸盐	镉柱还原法	GB 17378.4—2011
亚硝酸盐	萘乙二胺分光光度法	GB 17378.4—2011
氨氮	次溴酸盐氧化法	GB 17378.4—2011
无机磷	磷钼蓝分光光度法	GB 17378.4—2011
活性磷酸盐	硅钼蓝分光光度法	GB 17378.4—2011
悬浮物	重量法	GB 17378.4—2011
叶绿素	分光光度法	HJ 897—2017
石油类	紫外分光光度法	HJ 970—2018
重金属	原子吸收分光光度法	GB 17378.4—2011

2. 沉积物监测

红树林沉积物的采集和分析根据《海洋调查规范》（GB/T 12763—2007）、《海洋监测规范第3部分：样品采集、贮存与运输》（GB 17378.3—2007）和《海洋沉积物质量》（GB 18668—2002）等标准执行，相关监测指标和参考标准见表4.4。

表 4.4　山口红树林沉积物的监测指标和参考标准

指　标	方　法	参考标准
粒度	筛分法	GB /T 27845—2011
土壤盐分	质量差法	—
有机碳	非色散红外线吸收法	GB 13193—91
硫化物	亚甲基蓝分光光度法	—
重金属	原子吸收分光光度法	—

3. 生物体质量监测

现场采集两种经济贝类（毛蚶和琴文蛤）的样品，带回实验室进行处理分析，监测包括重金属（铜、锌、铬、总汞、镉、铅、砷）、石油烃和麻痹性贝毒等指标。采样及分析根据《海洋监测规范第 6 部分：生物体分析》（GB 17378.6—2007）和《海洋监测技术规程第 3 部分：生物体》（HY/T 147.3—2013）等标准执行。

4. 大型底栖生物监测

红树林大型底栖生物样品采集与分析根据《海洋监测规范第 3 部分：样品采集、贮存与运输》（GB 17378.3—2007）、《海洋监测技术规程第 5 部分：海洋生态》（HY/T 147.5—2013）等标准执行，具体步骤如下：

在各站点取 4 个样方，样方面积为 25 cm × 25 cm，土层为 0 ~ 30 cm。先收集样方内的表面底栖动物，然后快速挖取底质土壤，放入上层孔径 2 mm、中层孔径 1 mm 和下层孔径 0.5 mm 的套筛内用海水冲洗。对挑出的可见动物现场进行种类鉴定、称重。

5. 红树林群落监测

（1）方法：断面样地法。

（2）设备：手持指南针 2 个，用于确定断面线；50 m 玻璃纤维卷尺，用于确定样地；2 m 玻璃纤维卷尺，用于测量树木胸径；100 m 长的绳子或线，细不锈钢丝以及用铝片制作编号的标签；标桩，长 1.5 m、粗 50 mm PVC 或其他材质的管材；锤子、钉子（5 cm）、记录表、铅笔等。

（3）断面布设：根据红树林分布区域面积设 3 ~ 6 条以上的断面，断面需穿越高中低三个潮带。

（4）样地选择：在高中低潮区各设 1 个大小相同的样地，不小于 10 m × 10 m，可根据密度适当调整，一般来说一个样地至少有 40 ~ 100 棵树木；若红树林仅为沿岸分布的狭条带，则在此条带设 1 个样地。用标桩在样方的四角做标记，插入地下至少 50 cm，并在每个标桩用不锈钢丝系上标签，标明断面样地编号。

（5）胸径、株高：使用卷尺测量距离地面（肩高）1.5 m 且周长大于 4 cm 的树木基干周长（C）。将钉子钉入测量点以下 10 cm 处，作为下次测量的参考点。若树木在胸径高度以下分叉，将每一分支看作单独的茎干进行测量（将主茎干部分记为 1，其余记为 2）。若茎干具有支撑根或下部树干呈现凹槽（红树科植物），则在根茎上部 20 cm 处测量树木基干周长。若在测量点基干具有隆起、枝条或畸形，需适当上下位移测量基干周长的位置。测量树木基干周长的同时，测定每株的株高（地面至植株的最高点）。

（6）种类组成、密度：样方内所有的植株按以下三类记录不同种类的植株数量（胸径 $DBH = C/\pi$）：

大树，$DBH > 4$ cm；

小树，4 cm $> DBH > 1$ cm，且株高大于 1 m；

幼树，树高小于 1 m。

密度（$d = n/s \times 10$），即每 10 m² 内的植株数。

6. 红树林虫害监测

采用现场观测的方法执行[237]。根据红树林虫害的发生特点，重点监测时间为 3 ~ 10 月，如有特殊情况，可延长监测时间并增加监测次数。在监测站位周围，先现场观察群落受害情况与发展规律，目测红树林斑块范围及其中林相发黄斑块的面积，观察虫叶的外观形态和虫口形状，统计虫口数量，并对可能捕捉到的害虫进行鉴别，同时对上述观察到的情况和特征进行拍摄记录。

7. 红树林鸟类监测

采用样线法统计鸟类数量[238]。退潮时，在红树林中按固定的线路和长度，以每小时 0.5 ~ 1 km 的速度行进，观察并统计线路两侧各 25 m 宽范围内的鸟类；记录观察到的鸟类所在位置、高度以及距林缘出发点的距离；隔天进行 1 次，共进行 3 次，以平均数作为分析数据。

4.2　评价结果

4.2.1　环境概况

4.2.1.1　地理位置及自然概况

山口红树林地处广西合浦县东南部的沙田半岛，北距合浦县城 77 km，西离北海市 105 km，东距湛江市 93 km。由沙田半岛的东西两侧海岸及海域组成，地域跨越合浦县的山口、沙田和白沙三镇。广西山口红树林生态自然保护区行政管理处设于北海市，并在保护区一线设有英罗、白沙和沙田三个管理站，与河北昌黎黄金海岸自然保护区、海南大洲岛海洋生态自然保护区、海南三亚珊瑚礁自然保护区和浙江南麂列岛海洋自然保护区共同成为我国第一批海洋类型国家级自然保护区。山口红树林地处北热带海洋季风气候区，冬无严寒，夏无酷暑，春秋季节较短。年平均温度 23.4℃，年平均降水量 1500～1700 mm，年平均相对湿度 80%，年平均蒸发量 1000～1400 mm，年平均日照时间为 1796～1800 h。[235]

4.2.1.2　红树林生物多样性

由于地处北热带范围，红树林的种类较少，只有 15 种，其中真红树植物 9 种，半红树植物 5 种。目前，红树林面积约 900 hm²，比建区时增加了 10%，主要建群种有白骨壤、桐花树、秋茄、红海榄、木榄和海漆，它们的分布自海向陆的次序表现为白骨壤群落—桐花树群落—秋茄群落—红海榄群落—木榄群落—海漆群落—海岸半红树群落。一方面，不断向外海延伸生长，另一方面，也出现内滩海床被提高或陆地化后逐渐被半红树乃至陆生植物所代替。

红树林可以为多种海洋生物以及陆生生物提供栖息地与食物来源，极大地丰富了相关生物体的生物多样性。山口红树林鸟类有 164 种，包括迁徙候鸟和留鸟，其中 13 种为国家二级保护动物。已知昆虫 273 种，由靠陆林带（178 种）向中间林带

（55 种）再到向海林带（51 种）呈递减趋势。海洋生物十分丰富，已知浮游植物 96 种、浮游动物 26 种、底栖硅藻 158 种、鱼类 82 种、贝类 90 种、虾蟹 61 种。

4.2.2 调查结果

4.2.2.1 水质分布特征及评价结果

4 个海水水质监测站位中，50% 符合第三类海水水质标准，50% 符合劣四类海水水质标准。英罗港 2 个站位符合第三类海水水质标准，其中悬浮物质符合第三类海水水质标准。丹兜海 2 个站位符合劣四类海水水质标准；呈现盐度和 pH 由北向南增加，悬浮物质、活性磷酸盐等环境因子由北向南减少，为典型入海口特征；其中 pH 符合第三类海水水质标准，无机氮符合劣四类海水水质标准，见表 4.5。

表 4.5 海水水质监测结果及质量等级统计

序号	环境因子	单位	范围	平均值	第一类（%）	第二类（%）	第三类（%）	第四类（%）	劣四类%）
1	水温	℃	28.9 ~ 29.7	29.22	—				
2	盐度	无量纲	4.6 ~ 24.3	17.8	—				
3	悬浮物	mg·L⁻¹	20 ~ 109	59			75	25	
4	pH	无量纲	7.37 ~ 7.97	7.73	50		50		
5	溶解氧	mg·L⁻¹	5.67 ~ 5.93	5.78		100			
6	化学需氧量	mg·L⁻¹	1.28 ~ 2.64	1.76	75	25			
7	无机氮	μg·L⁻¹	184 ~ 735	400.2	50			25	25
8	氨氮	μg·L⁻¹	98.9 ~ 168	134.4					
9	硝酸盐（氮）	μg·L⁻¹	67 ~ 537	245					
10	亚硝酸盐（氮）	μg·L⁻¹	13 ~ 31	20.5					
11	活性磷酸盐	μg·L⁻¹	32 ~ 71	48			50		50
12	汞	μg·L⁻¹	0.007 ~ 0.016	0.008	100				
13	镉	μg·L⁻¹	0.013 ~ 0.017	0.015	100				
14	铅	μg·L⁻¹	0.03	0.02	100				
15	总铬	μg·L⁻¹	0.19 ~ 0.39	0.29	100				
16	砷	μg·L⁻¹	1.1 ~ 1.5	1.3	100				

序号	环境因子	单位	范围	平均值	第一类（%）	第二类（%）	第三类（%）	第四类（%）	劣四类%
17	铜	$\mu g \cdot L^{-1}$	0.21~0.57	0.36	100				
18	锌	$\mu g \cdot L^{-1}$	0.1~0.4	0.2	100				
19	镍	$\mu g \cdot L^{-1}$	0.14~1.14	0.43	100				
20	油类	$\mu g \cdot L^{-1}$	4.7~9.6	7.2	100				
21	叶绿素 a	$\mu g \cdot L^{-1}$	1.8~4.9	3.5	—				

4.2.2.2 海洋沉积物分布特征及评价结果

海洋沉积物监测结果显示，4 个站位均符合第一类海洋沉积物质量标准。红树林土壤盐度呈现由岸向海逐渐上升的趋势，结果见表 4.6。

表 4.6 海洋沉积物监测结果及质量等级统计

序号	环境因子	单位	范围	平均值	第一类（%）
1	土壤盐分		3.33~6.95	4.68	—
2	汞	$mg \cdot kg^{-1}$	0.002~0.045	0.022	100
3	镉	$mg \cdot kg^{-1}$	0.01~0.11	0.066	100
4	铅	$mg \cdot kg^{-1}$	2.4~23.8	13.34	100
5	锌	$mg \cdot kg^{-1}$	3.25~49.8	26.5	100
6	铜	$mg \cdot kg^{-1}$	0.57~10.3	5.30	100
7	铬	$mg \cdot kg^{-1}$	1.23~23.4	12.4	100
8	砷	$mg \cdot kg^{-1}$	3.36~12.3	6.8175	100
9	镍	$mg \cdot kg^{-1}$	0.52~12.2	7.13	100
10	有机碳	$mg \cdot kg^{-1}$	0.15~1.97	0.95	100
11	硫化物	$mg \cdot kg^{-1}$	0.3~150	49.7	100
12	油类	$mg \cdot kg^{-1}$	1~22.5	8.9	100

4.2.2.3 生物质量

生物质量样品种类为琴文蛤和毛蚶，生物体质量符合第二类海洋生物体质量标准，其中毛蚶的隔和石油烃符合第二类海洋生物体质量标准，琴文蛤和毛蚶的铅符合第二类海洋生物体质量标准，其他因子均符合第一类海洋生物体质量标准，见表4.7。

表4.7 海洋生物体质量监测结果及质量等级统计

序号	因子	单位	范围	平均值	第一类（%）	第二类（%）
1	铜	mg·kg⁻¹	0.84～1.20	1.02	100	—
2	镉	mg·kg⁻¹	0.19～1.66	0.93	50	50
3	铬	mg·kg⁻¹	0.19～0.22	0.21	100	—
4	铅	mg·kg⁻¹	0.23～0.25	0.24	—	100
5	锌	mg·kg⁻¹	14.20～18.40	16.30	100	—
6	总汞	mg·kg⁻¹	0.006～0.012	0.009	100	—
7	砷	mg·kg⁻¹	0.60～0.90	0.75	100	—
8	石油烃	mg·kg⁻¹	11.10～20.40	14.93	50	50

4.2.2.4 红树林群落

1. 红树种类及特征

本次针对山口红树林生态系统13个红树林群落监测站位展开的调查显示，红树林种类主要有木榄（*Bruguiera gymnorrhiza*）、秋茄（*Kandelia obovata*）、红海榄（*Rhizophora stylosa*）、桐花树（*Aegiceras corniculatum*）、白骨壤（*Avicennia marina*）5种，均属真红树植物，种类较为丰富，占广西海岸红树林种类的近半数。

1）木榄

红树科植物，属乔木或灌木，高6～8 m，常有屈膝状的呼吸根伸出滩面，并在植株基部形成板状根。其叶对生，革质，狭椭圆形至椭圆状长圆形。花单生，红色。头状胚轴于6月成熟，花期几乎全年，或与秋茄、桐花树、白骨壤等混生，或组成单一的木榄群落。在山口红树林生态系统内的海塘核心区、高坡核心区、永安核心区和英罗核心区均有分布。

2）秋茄

红树科秋茄属植物，乔木或灌木。聚伞花序腋生，有花3～5朵。胚轴瘦长，呈棒棍状，长达20～30 cm。花期在夏季。其为抗低温广布种，在我国分布于广东、广西、福建、台湾和浙江等地。它生长于中内滩，外滩的淤泥地均可生长，可与其他红树植物混生，也可形成单一种群；对温度和潮带的适应性都较广，是北半球最耐寒的种类之一。

山口红树林生态系统内的海塘核心区、高坡核心区、永安核心区和英罗核心区和山鸡田缓冲区均呈斑块状分布。

3）红海榄

北海民间又称其为鸡爪榄，是红树科（Rhizophoraceae）红树属（Rhizophora）植物。二歧聚伞花序有花 2 ~ 7 朵，总花梗从当年生的叶腋长出，与叶柄等长或略长；花萼裂片 4 片，呈三角形；花瓣 4 片，革质，黄白色，短于花萼，表面覆盖白色丝状皱毛；雄蕊 8 枚，其中 4 枚着生于花瓣上，另 4 枚着生于萼片上；子房半下位，有 2 室，花柱丝状毛长 4 ~ 6 mm，柱头 2 裂。其常单独组成密集的单优群落，或与秋茄、白骨壤、桐花树等混生。

此次调查发现，红海榄群落在山口红树林的海塘核心区、英罗核心区以及山鸡田缓冲区均有分布。

4）桐花树

桐花树隶属于紫金牛科桐花树属，灌木或者小乔木，多分枝，高 1.5 ~ 4 m。老枝光滑黑色，小枝无毛红色。叶黄绿色、革质、倒卵形，正面无毛、背面密被柔毛，于枝条顶端近对生或簇生。伞形花序无柄，顶生或腋生，10 ~ 25（30）朵，花两性 5 基数。花萼片呈右向螺旋排列，紧包花冠，宿存；花冠白色，长 0.8 ~ 1 cm，基部联合成管状。花药卵形，丁字着生；子房上位，胚珠多数。蒴果状浆果圆柱形，弯曲；种子 1 枚在果实离开母树前萌发，隐胎生。花期 12 月至翌年 1 ~ 2 月；果期 10 ~ 12 月。

山口红树林生态系统内的桐花树分布范围较广，在海塘核心区、高坡核心区、永安核心区和英罗核心区呈大面积的片状分布。

5）白骨壤

白骨壤为马鞭草科白骨壤属植物，灌木或小乔木，树高 0.5 ~ 10 m 不等。小枝四方形，叶对生，卵形，上面无毛，下面披灰白色绒毛，近无柄。花小，排成近顶生的聚伞花序。花萼 5 裂，外面有茸毛；花冠管短，黄褐色，4 裂。雄蕊 4 枚，着生于花冠管喉部；子房上位，4 室，每室 1 胚珠。蒴果近球形，淡灰黄色，有种子 1 粒，隐胎生。通常长在群落的最前缘（外缘，远离海岸的一边），在主干的四周长有细长棒状的出水呼吸根。

本次监测调查在永安核心区、英罗核心区、山鸡田核心区均有分布，主要集中在永安核心区并呈片状分布。

2. 群落类型

从生态学尺度上，根据山口红树植物的种类组成、林相及其结构特征，将此次调查发现的红树林群落划分为 4 个群系和 9 个群落类型（表 4.8）。

表 4.8　山口红树林群落类型

序　号	群　系	群　落
1	木榄群系	木榄纯林
2		木榄 + 秋茄
3	桐花树群系	桐花树 + 木榄 + 红海榄 + 秋茄
4		桐花树 + 秋茄
5		桐花树 + 白骨壤
6		桐花树 + 白骨壤 + 秋茄
7	红海榄群系	红海榄 + 木榄 + 秋茄
8	白骨壤群系	白骨壤纯林
9		白骨壤 + 红海榄

红树植物纯林或红树植物与其他种混生的植物群落，群落外貌其往往有所不同。此次对 13 个监测点的红树群落调查发现，山口红树林林相以青绿、墨绿为主。

3. 群系特征

1）桐花树群系

2019 年对山口红树林的健康监测中，13 个样方中有 7 个属桐花树群丛，见表 4.9，其在海塘核心区、英罗核心区、高坡核心区和永安核心区均有分布，为山口红树林生态系统中低潮区常见群落。本次调查发现以低潮区分布为主。

表 4.9　山口红树林桐花树群丛生物特征统计

站位	红树物种	密度 (ind · 100m⁻²)	胸径（cm）			株高（m）			盖度（%）
			最大	最小	平均	最高	最低	平均	
1	桐花树	47	2.69	1.71	2.17	3.22	2.44	1.76	50
	红海榄	10	9.24	2.54	6.48	3.11	2.42	2.92	20
	秋茄	5	4.45	1.97	3.35	3.02	1.84	2.18	5
	木榄	3	9.54	7.28	8.41	3.28	3.17	3.15	5

续表

站位	红树物种	密度（ind.·100m⁻²）	胸径（cm）			株高（m）			盖度（%）
			最大	最小	平均	最高	最低	平均	
2	桐花树	66	4.13	1.99	2.73	3.18	1.77	2.32	50
	秋茄	5	6.68	1.82	4.40	3.22	2.17	2.77	5
7	桐花树	78	7.96	2.00	4.05	2.73	2.16	2.43	60
	秋茄	33	11.33	5.38	7.57	3.38	2.55	2.86	20
8	桐花树	71	7.64	0.64	2.67	2.37	1.71	2.04	70
	白骨壤	21	9.24	1.54	6.06	3.47	2.15	2.95	10
11	桐花树	42	7.95	1.27	4.11	3.15	2.66	2.82	60
	秋茄	2	4.29	1.61	4.45	3.54	3.45	3.45	5
12	桐花树	86	11.14	1.27	4.26	3.01	1.82	2.23	80
	白骨壤	3	12.32	6.97	8.82	3.82	3.31	3.60	5
	秋茄	9	7.13	2.2	3.84	5.00	2.32	3.53	5
13	桐花树	48	7.83	1.54	3.13	4.22	1.75	2.12	50
	白骨壤	4	7.95	9.96	7.45	3.72	3.11	3.56	5
	秋茄	24	5.99	7.32	4.84	2.40	1.71	2.12	20

群系特征：以桐花树为建群种的常绿单层灌木红树群落，单一桐花树纯林较为少见，多和其他红树植物如秋茄、木榄、白骨壤植等混生，植被盖度较高，多在65%～80%，植株密度在0.44～1.11 ind.·m⁻²，胸径在2.69～11.14 cm，桐花树胸径普遍较小，低于其他混生种，株高介于1.71～4.22 m，本次调查没有发现桐花树群落的更新层。

2）木榄群系

本次调查中的木榄全部为乔木状，植株普遍较高，木榄由于其植株特点在其生长区可以有单一木榄形成木榄纯林或因其兼容其他红树往往易形成混生林。本次调查的13个样方中有2个表现为木榄群丛，分布在高坡核心区和永安核心区。

群系特征：以木榄为建群种组成的单层或双层群丛，在调查中的2个样方木榄群落总体均呈乔木状，仅有极少数幼龄木榄表现为灌木状。样方盖度介于65%～80%，样方密度为0.35～1.00 ind.·m⁻²。木榄冠层高度为2.0 m～4.5 m，绝大部分木榄高度超过3.8 m。木榄胸径在2.51～28.64 cm，具有更新层，实地调查中，发现3号样方内有超过50%的木榄植株为幼苗，而成年红海榄则林冠冠幅大且茂密，林相大体上呈现墨绿色，见表4.10。

表4.10 山口红树林木榄群丛生物特征统计

站位	红树物种	密度（ind.·m⁻²）	胸径（cm）			株高（m）			盖度（%）
			最大	最小	平均	最高	最低	平均	
3	木榄	0.98	28.65	2.51	8.05	4.40	2.10	3.54	85
4	木榄	0.31	13.11	6.78	9.32	7.20	5.40	6.20	60
	秋茄	0.04	13.57	7.28	10.07	6.6	4.5	5.28	5

3）红海榄群系

根据红海榄群系的具体种群多样性和群落组成的变异性，可将本次调查的红海榄群系划分为红海榄纯林群丛以及过渡性质的红海榄 + 秋茄群丛两种类型。群落类型表现为常绿小乔木或高灌丛群落，具有单层或双层结构，外貌平整呈深绿色，林相以青绿色为主。

调查的13个样方有2个表现为红海榄群丛，集中分布在高坡和永安两个核心区的中潮区，林相以青绿色为主。

群系特征：以红海榄为建群种的常绿小乔木或高灌木丛群落组成单层或双层群丛，盖度在55% ~ 65%，样方密度为0.18 ~ 0.35 ind.·m⁻²。冠层平均高度为3.1 ~ 4.5 m，绝大部分高度超过3.0 m。红海榄胸径在1.54 ~ 11.26 cm，无更新层，实地调查中各样方内未发现木榄幼苗，见表4.11。

表4.11 山口红树林红海榄群丛生物特征统计

站位	红树物种	密度（ind.·m⁻²）	胸径（cm）			株高（m）			盖度（%）
			最大	最小	平均	最高	最低	平均	
5	红海榄	0.26	11.26	1.54	6.29	4.90	3.20	4.30	50
	木榄	0.04	4.77	3.85	4.27	4.90	2.20	3.60	10
	秋茄	0.05	7.32	4.14	5.65	4.50	3.20	3.98	5
6	红海榄	0.13	9.54	5.41	7.03	5.10	3.70	4.51	40
	秋茄	0.04	8.27	1.18	5.58	4.50	3.60	4.13	10
	木榄	0.01	13.37	13.37	13.37	3.10	3.10	3.10	5

4）白骨壤群系

调查的 13 个样方有 2 个表现为白骨壤群丛，集中分布在山鸡田缓冲区和永安核心区的中潮区，林相以银灰色为主。

群系特征：以白骨壤为建群种组成的常绿单层灌木群落，灌丛低矮，枝丫向外伸展幅度较大，冠幅相对较小，群落外观林相总体呈银灰色。其中，9 号样方为 <1 年的白骨壤人工林幼苗，株高小于 20 cm，在中潮滩的 10 号样方的白骨壤群落内，可见少量红海榄植株。白骨壤群系盖度偏低，介于 40% ~ 50%，样方密度为 0.31 ~ 0.61 ind. · m^{-2}；冠层相对较低在 0.2 ~ 2.2 m，绝大部分植株高度不超过 2.2 m，白骨壤基径为 1.94 ~ 5.31 cm，9 号样方调查中无更新层，见表 4.12。

表 4.12　山口红树林白骨壤群丛生物特征统计

站位	红树物种	密度 (ind. · m^{-2})	胸径（cm）			株高（m）			盖度 (%)
			最大	最小	平均	最高	最低	平均	
9	白骨壤（幼苗）	0.61	<1	<1	<1	0.2	0.2	0.2	50
10	白骨壤	0.25	5.31	1.94	3.94	1.5	0.9	1.2	40
	红海榄	0.06	5.44	1.87	3.49	3.2	1.8	2.28	10

根据 2019 年调查样方的数据统计结果，2019 年山口红树林生态系统的红树林平均密度约为 6 677 ind. · hm^2，见表 4.13。其中，以桐花树群丛分布最为广泛，在海塘核心区、英罗核心区、高坡核心区和永安核心区均有分布，为山口红树林生态系统中低潮区常见的优势植被类型；木榄群丛则在高坡核心区和永安核心区呈斑块状分布；红海榄群丛在山口红树林生态系统东西部的高坡和永安两个核心区的中潮区；白骨壤群丛主要分布在位于保护西部的山鸡田缓冲区和永安核心区。同时，在山口红树林生态系统的局部地区也发现了红树植物的更新层，3 号样方 0 ~ 1 年的木榄幼苗数量比例超过 50%，9 号样方的幼苗更新层较多，全部为白骨壤。

4. 红树林群落面积

根据野外调查及遥感数据解译，截至 2019 年，山口红树林生态系统中的红树林共有 210 个斑块，总面积为 836.05 hm^2；其中丹兜海 137 个斑块，面积为 560.57 hm^2，占比 67.05%；英罗港湾有 73 个斑块，面积为 275.48 hm^2，占比 32.95%。

表4.13　红树林群落密度统计　　　　　　　单位：ind. · hm^{-2}

站位	木榄		秋茄		红海榄		桐花树		白骨壤		合计	区域
	成树	幼苗	成树	幼苗	成树	幼苗	成树	幼苗	成树	幼苗		
1	300		500		1 000		4 700				6 500	海塘核心区
2			700				6 600	0			7 300	
5	300		500		2 600						3 400	
3	4 200	5 600									9 800	高坡核心区
11			200				4 200				4 400	
4	3 100		400								3 500	永安核心区
8							7 100	2 100			9 200	
9									6 100		6 100	
6	400		1 600		4 200						6 200	英罗核心区
7			3 300				7 800				11 100	
12			900				8 600		300		9 800	
13			600				5 200		600		6 400	
10					600				2 500		3 100	山鸡田缓冲区
平均						6 677						

　　各群系中，面积最大的为木榄群系（390.04 hm²，占比46.65%），其次为红海榄群系（181.81 hm²，占比21.75%），接着为白骨壤群系（178.05 hm²，占比21.30%），秋茄群系（46.59 hm²，占比5.60%）和桐花树群系（39.48 hm²，占比4.70%）占比较低。在各群落类型中，排名前六且占比超过5%的，由大到小依次为：木榄＋红海榄＋秋茄＋白骨壤＋桐花树（222.97 hm²，占比26.71%）、红海榄＋白骨壤（142.77 hm²，占比17.10%）、白骨壤（83.43 hm²，占比9.99%）、白骨壤＋秋茄（72.49 hm²，占比8.68%）、木榄＋白骨壤＋桐花树（50.90 hm²，占比6.10%），此5种群落类型占比超过73.63%。其余各群落类型占比均在5%以下。

　　广西山口的红树林以天然林为主，面积为816.05 hm²，占比达97.48%，人工林面积为21.00 hm²，占比仅2.52%；其中人工林以秋茄林为主，红海榄林次之。山口红树林生态系统红树林的天然程度极高。具体的群落类型和面积见表4.14。

表 4.14 广西山口红树林生态系统不同红树群系及面积情况

群系	建群种/优势种	斑块数量	属性	面积（hm²）	占比（%）
木榄	木榄、红海榄、白骨壤、秋茄	15	天然林	390.04	46.65
红海榄	红海榄	35	天然林、人工林	181.81	21.75
秋茄	秋茄	24	天然林、人工林	46.59	5.60
白骨壤	白骨壤	100	天然林	178.05	21.30
桐花树	桐花树	36	天然林	39.48	4.70
合计		210		835.97	100

4.2.2.5 大型底栖动物

1. 种类组成

2019 年 8 月对山口红树林生态系统的 6 个监测站位展开调查，结果显示共有 6 个纲、15 科的 26 种大型底栖动物，分属于节肢动物、软体动物、星虫动物门和环节动物门 4 个门。其中，软体动物门和节肢动物门的种类数相同，均为 12 种，占监测种类的 46.20%；星虫动物门、环节动物门各为 1 种，各占监测种类的 3.80%，见图 4.1 与表 4.15。

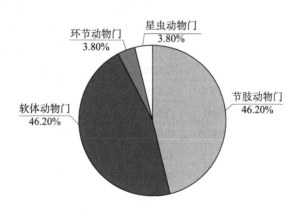

图 4.1 2019 年山口红树林生态系统大型底栖生物种类组成

2. 常见种与优势种

山口红树林 6 个底栖生物监控点的统计数据表明，扁平拟闭口蟹、北方招潮、黑口拟滨螺 3 种的出现频率最高，为山口红树林的常见种，其他出现频率较高的种类还有双齿近相手蟹、长足长方蟹、短泥沼螺、查加拟蟹守螺等。

    山口红树林生态系统底栖生物优势种共有 4 种，按优势度指数由高到低的排列顺序分别为扁平拟闭口蟹、双齿近相手蟹、大眼蟹属的一种和长足长方蟹，其中扁平拟闭口蟹优势度指数达 0.145，为山口红树林生境中的绝对优势种（表 4.16）。

表 4.15　山口红树林生态系统大型底栖动物种类

门	纲	科	中文名	种拉丁名	出现频次
节肢动物	甲壳纲	方蟹科	圆形肿须蟹	*Labuanium rotundatum*	2
			长方蟹属一种	*Metaplax* sp.	1
			长足长方蟹	*Metaplax longipes*	2
			格雷陆方蟹	*Geograpsus grayi*	1
		沙蟹科	北方招潮	*Gelasimus borealis*	3
			弧边招潮	*Uca arcuata*	1
			刺屠氏招潮	*Uca dussumeri spinata*	1
			扁平拟闭口蟹	*Paracleistostoma*	3
			锯眼泥蟹	*Ilyoplax serrata*	1
		相手蟹科	双齿近相手蟹	*Sesarma bidens*	2
		大眼蟹科	明秀大眼蟹	*Macrophthalmus definitus*	1
		鼓虾科	优美鼓虾	*Alpheus euphrosyne*	1
软体动物	腹足纲	汇螺科	查加拟蟹守螺	*Cerithidea djadjariensis*	2
			小翼拟蟹守螺	*Cerithidea microptera*	1
			珠带拟蟹守螺	*Cerithidea cingulata*	3
		滨螺科	黑口拟滨螺	*Littoraia melanostoma*	2
			粗糙拟滨螺	*Littoraia articulate*	1
		拟沼螺科	短拟沼螺	*Assiminea brevicula*	3
		石磺科	石磺	*Onchidium verruculatum*	1
	双壳纲	细饰蚶科	细饰蚶科一种	*Noetiidae* sp.	1
		牡蛎科	熊本牡蛎	*Crassotrea sikamea*	2
			猫爪牡蛎	*Talonostrea talonata*	1
		樱蛤科	红明樱蛤	*Moerella rutila*	1
		竹蛏科	大竹蛏	*Solen grandis*	1
星虫动	革囊星虫纲	革囊星虫科	安岛反体星虫	*Antillesoma antillarum*	1
环节动物门	多毛纲	齿吻沙蚕科	寡鳃齿吻沙蚕	*Nephtys oligobranchia*	1
合计	5	15	26		

表 4.16 山口红树林生态系统大型底栖生物优势度指数统计

类别名称	中文名	拉丁名	出现频次	优势度指数
节肢动物门	扁平拟闭口蟹	*Paracleistostoma depressum*	0.50	0.145
节肢动物门	双齿近相手蟹	*Sesarma bidens*	0.33	0.046
节肢动物门	大眼蟹属一种	*Macrophthalmus sp.*	0.33	0.036
节肢动物门	长足长方蟹	*Metaplax longipes*	0.33	0.030
节肢动物门	圆形肿须蟹	*Labuanium rotundatum*	0.33	0.016
软体动物门	查加拟蟹守螺	*Cerithidea djadjariensis*	0.33	0.016
节肢动物门	北方招潮	*Uca vocans*	0.50	0.013
软体动物门	黑口拟滨螺	*Littoraia elanostoma*	0.33	0.012

3. 区域分布

在不同区域种类分布中，英罗核心区种类最多，为 14 种，占监测种类的 53.9%；永安核心区次之，为 13 种，占总种类数的 50.0%；海塘核心区种类数为 12 种，占总数的 46.2%；高坡核心区大型底栖生物多样性水平较低，仅为 4 种，占总监测种类数的 15.4%，见表 4.17。

表 4.17 不同区域的物种数

区域	站位	物种数	占比（%）
英罗核心区	6	14	53.9
	7		
永安核心区	9	13	50.0
海塘核心区	2	12	46.2
	5		
高坡核心区	11	4	15.4

4. 数量特征

1）栖息密度

2019 年山口红树林生态系统 6 个底栖生物监测站位的调查数据表明，山口红树林生态系统大型底栖动物平均栖息密度为 179 ind. · m² （表 4.18）；在底栖生物类群水平上，不同类别生物的栖息密度差异性表现较为显著，甲壳动物作为山口红树林生态系统中的优势类群，栖息密度显著高于其他生物类群，具栖息密度最高，达 156 ind. · m²，其次是腹足纲动物，各类群生物的平均栖息密度表现为：甲壳纲 > 腹足纲 > 双

壳纲 > 多毛类和革囊星虫纲。

表4.18 山口红树林生态系统大型底栖动物群落密度 单位：ind. · m^{-2}

区域	站位	总密度	多毛纲	腹足纲	甲壳纲	双壳纲	革囊星虫纲
海塘核心区	2	216			216		
	5	188		8	180		
英罗核心区	7	148		20	128		
	6	127		32	91	4	
永安核心区	9	196		28	132	36	
高坡核心区	11	201	4		193		4
总计		1 076	4	88	940	40	4
平均		179	1	15	156	7	1

2）生物量

6 个大型底栖生物监测站位的生物量统计结果表明：山口红树林大型底栖动物的年平均生物量为216. 97 g · m^{-2}（表4. 19）。不同底栖生物类群的生物量整体上变化趋势与其栖息密度的变化趋势相一致，具体表现为：甲壳纲 > 双壳纲 > 腹足纲 > 革囊星虫纲 > 多毛纲。

从底栖生物生物量的平面分布来看，位于永安核心区的 9 号站位的大型底栖生物的生物量最高，为280. 31 g · m^{-2}；其次是海塘核心区的 2 号站位，达 261. 22 g · m^{-2}；5 号站位的生物量水平较低，仅为 154. 08 g · m^{-2}。

表4.19 山口红树林生态系统大型底栖动物生物量统计 单位：g · m^{-2}

区域	站位	总生物量	多毛纲	腹足纲	甲壳纲	双壳纲	革囊星虫纲
海塘核心区	2	261. 22			261. 22		
	5	154. 08		6. 79	147. 29		
英罗核心区	7	205. 53		4. 16	201. 37		
	6	195. 65		10. 18	180. 31	5. 16	
永安核心区	9	280. 31		10. 52	240. 81	28. 98	
高坡核心区	11	205. 03	不计		204. 98		0. 05
总计		1 301. 82	不计	31. 65	1 235. 98	34. 14	0. 05
平均		216. 97	不计	5. 28	206. 00	5. 69	0. 01

3）多样性指数

2019 年山口红树林生态系统的调查数据表明，大型底栖动物的生物多样性指数（H'）范围为 1.23 ~ 2.81，均匀度指数（J）范围为 0.57 ~ 0.87，丰富度指数（d）范围为 0.59 ~ 2.35；多样性指数（H'）最高值出现在永安核心区的 9 号站位；最低值出现在海塘核心区的 11 号站位。均匀度（J）最高值出现在海塘核心区的 5 号站位，最低值出现在海塘核心区的 2 号站位。丰富度指数（d）最高值出现在永安核心区的 9 号站位，最低值出现在海塘核心区的 11 号站位。

调查数据的统计结果表明，各断面的生物多样性指数（H'）中：9 号站位的物种多样性程度最高，11 号站的物种相对较单一，丰富程度较低。山口红树林大型底栖动物的生物多样性指数（H'）绝大部分站位处于 1.23 ~ 2.81，平均值为 2.04，表明除了部分站位生境质量较差，大型底栖生物的生境质量整体处于一般水平。红树林湿地生态系统中的生物群落处于中度扰动状态，部分区域如高坡核心区的 11 号站位所受干扰则较为频繁，见表 4.20。

表 4.20 山口红树林生态系统大型底栖生物生物多样性指数

区域	站位	丰富度指数（d）	均匀度指数（J）	多样性指数（H）
海塘核心区	2	1.07	0.57	1.59
	5	0.99	0.87	2.25
英罗核心区	7	0.83	0.69	1.60
	6	1.58	0.86	2.73
永安核心区	9	2.35	0.76	2.81
高坡核心区	11	0.59	0.62	1.23
平均		1.24	0.73	2.04

4.2.2.6 鸟类物种多样性

春夏秋三个季度在山口红树林生态系统内发现的鸟类共 104 种，见表 4.21，分别隶属 16 目 36 科，与 2018 年同期的 73 种相比，鸟类种类数增长 42.5%，其中，栗苇鳽、普通燕鸻、金眶鸻、环颈鸻、金鸻、蒙古沙鸻、针尾沙锥、中杓鹬、红脚鹬、泽鹬、青脚鹬、黑尾塍鹬、斑尾塍鹬、灰尾漂鹬、鹤鹬、林鹬、矶鹬、青脚滨鹬、翘嘴鹬、长趾滨鹬、红颈滨鹬、彩鹬、黑翅长脚鹬、白翅浮鸥、须浮鸥、白眉鸭、绿头鸭等 49 种为 2019 年新发现种，栖息生境由原来的农田、红树林、灌丛、桉树林扩展到桉树林、光滩、红树林、草地、桉树林、盐田、滩涂草地、虾塘、灌草丛、乔木、海面、乔木林、米草、池塘等。其中，褐翅鸦鹃、黑翅鸢、小鸦鹃等多种鸟类为国家二级保护动物。从同期鸟类数量大幅增长来看，山口红树林生态系统鸟类生境质量有较大提高，不断有新种鸟类将山口红树林生态系统作为生存的栖息地或迁徙越冬的必经之地。

表 4.21　山口红树林鸟类名录

所属目	所属科	中文名	拉丁名	出现季节
䴙䴘目 PODICIPEDIFORMES	䴙䴘科 Podicipedidae	小䴙䴘	*Tachybaptus ruficollis*	秋
鹈形目 PELECANIFORMES	鹭科 Ardeidae	苍鹭	*Ardea cinerea*	春、秋
		白鹭	*Egretta garzetta*	春、夏、秋
		中白鹭	*Ardea intermedia*	春
		大白鹭	*Ardea alba*	春、夏、秋
		牛背鹭	*Bubulcus coromandus*	春、夏、秋
		池鹭	*Ardeola bacchus*	春、夏、秋
		绿鹭	*Butorides striata*	春、夏
		草鹭	*Ardea purpurea*	秋
		夜鹭	*Nycticorax nycticorax*	秋
		黄斑苇鳽	*Ixobrychus sinensis*	春、夏、秋
		栗苇鳽	*Ixobrychus cinnamomeus*	秋
鸻形目 CHARADRIIFORMES	燕鸻科 Glareolidae	普通燕鸻	*Glareola maldivarum*	春
	鸻科 Charadriidae	金眶鸻	*Charadrius dubius*	夏、秋
		环颈鸻	*Charadrius alexandrinus*	春、夏、秋
		金鸻	*Pluvialis fulva*	春、秋
		蒙古沙鸻	*Charadrius mongolus*	夏
	鹬科 Scolopacidae	针尾沙锥	*Gallinago stenura*	秋
		中杓鹬	*Numenius phaeopus*	秋
		红脚鹬	*Tringa totanus*	夏、秋
		泽鹬	*Tringa stagnatilis*	秋
		青脚鹬	*Tringa nebularia*	春、夏、秋
		黑尾塍鹬	*Limosa limosa*	夏
		斑尾塍鹬	*Limosa lapponica*	夏
		灰尾漂鹬	*Tringa brevipes*	春、秋
		鹤鹬	*Tringa erythropus*	春、夏

续表

所属目	所属科	中文名	拉丁名	出现季节
鸻形目 CHARADRIIFORMES	鹬科 Scolopacidae	林鹬	*Tringa glareola*	春、夏、秋
		矶鹬	*Actitis hypoleucos*	春、夏、秋
		青脚滨鹬	*Calidris temminckii*	秋
		翘嘴鹬	*Xenus cinereus*	春、秋
		长趾滨鹬	*Calidris subminuta*	春
		红颈滨鹬	*Calidris ruficollis*	春、夏、秋
	彩鹬科 Rostratulidae	彩鹬	*Rostratula benghalensis*	秋
	反嘴鹬科 Recurvirostridae	黑翅长脚鹬	*Himantopus himantopus*	春、夏、秋
	鸥科 Laridae	白翅浮鸥	*Chlidonias leucopterus*	春
		灰翅浮鸥	*Chlidonias hybrida*	春
雁形目 ANSERIFORMES	鸭科 Anatidae	白眉鸭	*Spatula querquedula*	春
		绿头鸭	*Anas platyrhynchos*	秋
鹤形目 GRUIFORMES	秧鸡科 Rallidae	白胸苦恶鸟	*Amaurornis phoenicurus*	春、夏、秋
		普通秧鸡	*Rallus indicus*	夏、秋
		黑水鸡	*Gallinula chloropus*	春
		灰胸秧鸡	*lewinia striatus*	春、夏、秋
鹰形目 ACCIPITRIFORMES	鹰科 Accipitridae	黑翅鸢	*Elanus caeruleus*	春、夏、秋
		黑鸢	*Milvus migrans*	秋
		白尾鹞	*Circus cyaneus*	秋
		松雀鹰	*Accipiter virgatus*	夏
鸡形目 GALLIFORMES	雉科 Phasianidae	中华鹧鸪	*Francolinus pintadeanus*	春
		环颈雉	*Phasianus colchicus*	夏
鸽形目 COLUMBIFORMES	鸠鸽科 Columbidae	珠颈斑鸠	*Spilopelia chinensis*	春、夏、秋
		火斑鸠	*Streptopelia tranquebarica*	春
鹃形目 CUCULIFORMES	杜鹃科 Cuculidae	四声杜鹃	*Cuculus micropterus*	春、夏
		八声杜鹃	*Cacomantis merulinus*	春
		噪鹃	*Eudynamys scolopaceus*	春、夏、秋
		褐翅鸦鹃	*Centropus sinensis*	春、夏、秋
		小鸦鹃	*Centropus bengalensis*	春、夏
		大鹰鹃	*Hierococcyx sparverioides*	春
		绿嘴地鹃	*Phaenicophaeus tristis*	春、夏、秋
		乌鹃	*Surniculus lugubris*	夏

所属目	所属科	中文名	拉丁名	出现季节
鸮形目 STRIGIFORMES	鸱鸮科 Strigidae	领鸺鹠	*Glaucidium brodiei*	春
雨燕目 APODIFORMES	雨燕科 Apodidae	白腰雨燕	*Apus pacificus*	春
		小白腰雨燕	*Apus nipalensis*	春、夏、秋
佛法僧目 CORACIIFORMES	翠鸟科 Alcedinidae	普通翠鸟	*Alcedo atthis*	春、夏、秋
		白胸翡翠	*Halcyon smyrnensis*	春、夏、秋
		蓝翡翠	*Halcyon pileata*	夏
		斑鱼狗	*Ceryle rudis*	夏
	蜂虎科 Meropidae	栗喉蜂虎	*Merops philippinus*	春、夏、秋
		蓝喉蜂虎	*Merops viridis*	春
䴕形目 PICIFORMES	啄木鸟科 Picidae	蚁䴕	*Jynx torquilla*	秋
雀形目 PASSERIFORMES	燕科 Hirundinidae	家燕	*Hirundo rustica*	春、夏、秋
		烟腹毛脚燕	*Delichon dasypus*	春
		金腰燕	*Cecropis daurica*	春、夏、秋
	鹡鸰科 Motacillidae	白鹡鸰	*Motacilla alba*	春、夏、秋
		黄鹡鸰	*Motacilla tschutschensis*	春
		田鹨	*Anthus richardi*	春、秋
		红喉鹨	*Anthus cervinus*	春
	鹎科 Pycnonotidae	红耳鹎	*Pycnonotus jocosus*	春、夏、秋
		白头鹎	*Pycnonotus sinensis*	春、夏、秋
		白喉红臀鹎	*Pycnonotus aurigaster*	春、夏、秋
		栗背短脚鹎	*Hemixos castanonotus*	夏
	伯劳科 Laniidae	红尾伯劳	*Lanius cristatus*	春
		棕背伯劳	*Lanius schach*	春、夏、秋
	卷尾科 Dicruridae	黑卷尾	*Dicrurus macrocercus*	春、夏、秋
	椋鸟科 Sturnidae	八哥	*Acridotheres cristatellus*	春、夏、秋
		黑领椋鸟	*Gracupica nigricollis*	春、夏、秋
		灰背椋鸟	*Sturnia sinensis*	春、夏
	鸦科 Corvidae	红嘴蓝鹊	*Urocissa erythrorhyncha*	春、夏
		松鸦	*Garrulus glandarius*	春、夏
	鸫科 Turdidae	鹊鸲	*Copsychus saularis*	春、夏、秋
	鹟科 Muscicapidae	北灰鹟	*Muscicapa dauurica*	春、秋
		黑喉石鵖	*Saxicola maurus*	春、秋

所属目	所属科	中文名	拉丁名	出现季节
雀形目 PASSERIFORMES	噪鹛科 Leiothrichidae	黑脸噪鹛	*Pterorhinus perspicillatus*	春、夏、秋
	扇尾莺科 Cisticolidae	纯色山鹪莺	*Prinia inornata*	夏、秋
		黄腹山鹪莺	*Prinia flaviventris*	春、夏、秋
		棕扇尾莺	*Cisticola juncidis*	春、夏、秋
		长尾缝叶莺	*Orthotomus sutorius*	春、夏、秋
	苇莺科 Acrocephalidae	极北柳莺	*Phylloscopus borealis*	秋
		东方大苇莺	*Acrocephalus orientalis*	春、秋
		黑眉苇莺	*Acrocephalus bistrigiceps*	春、秋
	树莺科 Scotocercidae	淡脚树莺	*Hemitesia pallidipes*	秋
	绣眼鸟科 Zosteropidae	暗绿绣眼鸟	*Zosterops Simplea*	
	山雀科 Paridae	大山雀	*Parus minor*	春、夏、秋
	雀科 Passeridae	麻雀	*Passer montanus*	春、夏、秋
	梅花雀科 Estrildidae	斑纹鸟	*Lonchura punctulata*	秋
犀鸟目 BUCEROTIFORMES	戴胜科 Upupidae	戴胜	*Upupa epops*	夏

4.2.2.7　虫害监测

对红树林病虫害展开为期 8 个月的追踪监测。3～10 月份，主要的虫害为广州小斑螟 *Oligochroa cantonella*（Caradja），受害树种为白骨壤林。仅在 5 月份时发现少量广州小斑螟，受害面积较小，仅有 15 亩，处于可控范围。

4.2.3　健康评价模型

4.2.3.1　评价指标类别与权重分值

红树林生态健康评价包括水环境、生物质量、栖息地、生物群落四类指标，各类指标权重分值见表 4.22。

表 4.22 红树林生态系统指标权重分值

指标	水环境	生物质量	栖息地	生物群落
权重分值	5	5	40	50

4.2.3.2 水环境

1. 评价指标及赋值

红树林生态系统水环境评价包括盐度、化学需氧量和石油，各类指标见表 4.23。水环境指标的权重分值为 5，按照 I 级、II 级、III 级进行赋值。其中各指标 I 级赋值为 5，II 级赋值为 3、III 级赋值为 1。

表 4.23 红树林生态系统水环境评价指标

序　号	指　标	I 级	II 级	III 级
1	盐度	$10 \leqslant \cdot \leqslant 25$	$5 < \cdot < 10$ 或 $25 < \cdot < 30$	$\leqslant 5$ 或 $\geqslant 30$
2	化学需氧量（mg·L^{-1}）	2	$2 < \cdot < 4$	$\geqslant 4$
3	石油类（μg·L^{-1}）	$\leqslant 50$	$50 < \cdot < 300$	$\geqslant 300$

2. 水环境评价指标计算方法

红树林生态系统水环境各指标数值、水环境健康指数计算参见 2.1.3.2 部分。当 $W_{indx} \geqslant 4$ 时，水环境为健康；当 $2 \leqslant W_{indx} < 4$ 时，水环境为亚健康；当 $W_{indx} < 2$ 时，水环境为不健康。

4.2.3.3 生物质量

1. 评价指标及赋值

生物质量评价包括汞、镉、铅、砷和石油烃五类指标，各评价指标见表 4.24。生物质量指标的权重分值为 5，按照 I 级、II 级、III 级进行赋值。其中各指标 I 级赋值为 5，II 级赋值为 3、III 级赋值为 1。

表 4.24 红树林生物质量评价指标

序号	指标（μg·g^{-1}）	I 级	II 级	III 级
1	汞（Hg）	$\leqslant 0.05$	$0.05 < \cdot \leqslant 0.30$	> 0.30

序号	指标（μg·g^{-1}）	Ⅰ级	Ⅱ级	Ⅲ级
2	镉（Cd）	≤0.2	0.2 < · ≤5.0	>5.0
3	铅（Pb）	≤0.1	0.1 < · ≤6.0	>6.0
4	砷（As）	≤1.0	1.0 < · ≤8.0	>8.0
5	石油烃	≤15	15 < · ≤80	>80

2. 评价指标计算方法

每个生物样品的生物质量按公式（4.1）计算：

$$BR_q = \frac{\sum_1^n BR_i}{n} \tag{4.1}$$

式中，BR_q 为第 q 份样品数值；n 为评价的污染物指标总数；BR_i 为第 i 项评价指标赋值。

3. 生物质量健康指数

生物质量健康指数按公式（4.2）计算：

$$BR_{indx} = \frac{\sum_1^m BR_q}{m} \tag{4.2}$$

式中，BR_{indx} 为生物质量健康指数；m 为评价区域监测生物样品总数；BR_q 为评价区域第 q 份样品数值。

当 $BR_{indx} \geq 4$ 时，生物质量为健康；当 $2 \leq BR_{indx} < 4$ 时，生物质量为亚健康；当 $BR_{indx} < 2$ 时，生物质量为不健康。

4.2.3.4　栖息地

1. 评价指标及赋值

红树林栖地评价包括红树面积、互花米草入侵面积比例、培育幼苗林冠浒苔覆盖率、林下有害大型藻覆盖度和人类扰动行为，各类指标与权重见表 4.25。栖息地指标的权重分值为 40，按照Ⅰ级、Ⅱ级、Ⅲ级进行赋值。除了人类扰动，各指标Ⅰ级赋值为 40，Ⅱ级赋值为 25、Ⅲ级赋值为 10，而人类扰动行为Ⅱ级与Ⅲ级指标赋值均为 25。红树林面积的指标权重为 0.6、互花米草入侵面积比例的指标权重为 0.1、培育幼苗林冠浒苔覆盖率的指标权重为 0.1、林下有害大型藻覆盖度的指标权重为

0.1、人类扰动行为的指标权重为0.1。

表 4.25　红树林栖息地评价指标

序号	指　标		Ⅰ级	Ⅱ级	Ⅲ级
1	红树林面积[a]		无变化或增加	减少≤10%	减少＞10%
2	互花米草入侵面积比例		≤5%	5%＜·≤10%	＞10%
3	绿潮灾害	培育幼苗林冠浒苔覆盖率	≤5%	5%＜·≤10%	＞10%
		林下有害大型藻覆盖度[b]	≤10%	10%＜·≤40%	＞40%
4	人类扰动行为		无	有	有

注：a 表示红树林面积宜按红树林覆盖度超过20%的区域面积计算；

　　b 表示林下有害大型藻覆盖度仅在冬、春季开展监测，常见有害藻类为浒苔和刚毛藻。

2. 评价指标计算方法

红树林面积变化按公式（3.3）计算。互花米草入侵面积比例、培育幼苗林冠浒苔覆盖率、林下有害大型藻覆盖度、人类扰动行为宜按表4.25直接赋值。

3. 栖息地健康指数

栖息地健康指数按公式（2.13）计算。

当 $E_{indx} \geq 32.5$ 时，栖息地为健康；当 $17.5 \leq E_{indx} < 32.5$ 时，栖息地为亚健康；当 $E_{indx} < 17.5$ 时，栖息地为不健康。

4.2.3.5　生物群落

1. 评价指标及赋值

生物群落评价包括红树林覆盖度、红树林成活率、红树林密度、红树林种类组成、红树林平均树高、大型底栖动物密度、大型底栖动物生物量、病虫害受损率和红树林鸟类优势种群数量变化，各类指标见表4.26。生物群落指标的权重分值为50，按照Ⅰ级、Ⅱ级、Ⅲ级进行赋值。其中各指标Ⅰ级赋值为50，Ⅱ级赋值为30、Ⅲ级赋值为10。指标调查和分析宜按《红树林生态监测技术规程》（HY/T 081—2005）的有关规定执行。红树林（覆盖度≥30%）宜采用覆盖度指标评价，红树林（覆盖度＜30%）宜采用成活率指标评价。病虫害受损率宜按照受危害叶片数占总叶片数百分率计算，在红树林的高、中、低潮位分别设置1个站位，每个站位随机剪取20个20 cm的树冠顶层位置的小枝，检查每个小枝受损的叶片数，计算受危害叶片数占总叶片数的百分率。

表 4.26　红树林生物群落评价指标

序号	指　　标	Ⅰ级	Ⅱ级	Ⅲ级
1	红树林覆盖度	≥80%	40% < · <80%	≤40%
2	红树林成活率	≥50%	20% < · <50%	≤20%
3	红树林密度	无变化或增加	减少≤15%	减少 >15%
4	红树林种类组成	无变化或增加	减少≤10%	减少 >10%
5	红树林平均树高	无变化或增加	减少≤5%	减少 >5%
6	大型底栖动物密度	减少 <10% 或增加	10% < 减少≤20%	减少 >20%
7	大型底栖动物生物量	增加或减少 <10%	10% < 减少≤20%	减少 >20%
8	病虫害受损率	≤10%	10% < · <50%	>50%
9	红树林鸟类优势种种群数量变化 （同一季节比较）	增加或无变化	减少≤25%	减少 >25%

2. 评价指标计算方法

红树林密度、种类组成、树高、大型底栖动物密度和生物量、红树林鸟类优势种种群数量变化的评价方法参见 3.2.3.5.2 部分。

3. 生物群落健康指数

生物群落健康指数按公式 4.3 计算：

$$B_{indx} = \frac{\sum_1^m B_i}{m} \tag{4.3}$$

式中，B_{indx} 为生物群落健康指数；m 为生物群落评价指标总数；B_i 为第 i 项生物群落评价指标数值。

当 $B_{indx} \geq 40$ 时，生物群落为健康；当 $20 \leq B_{indx} < 40$ 时，生物群落为亚健康；当 $B_{indx} < 20$ 时，生物群落为不健康。

4.2.3.6　生态健康指数

红树林生态健康指数按公式 4.4 计算：

$$CEH_{indx} = W_{indx} + BR_{indx} + E_{indx} + B_{indx} \tag{4.4}$$

式中，CEH_{indx} 为红树林生态健康指数。

4.2.3.7　生态系统健康状况

依据 CEH_{indx} 评价红树林生态系统健康状况：

当 $CEH_{indx} \geqslant 80$ 时，生态系统为健康；当 $40 \leqslant CEH_{indx} < 80$ 时，生态系统为亚健康；当 $CEH_{indx} < 40$ 时，生态系统为不健康。

4.2.4 健康评价结果

根据上述评价指标赋值方法，计算山口红树林生态系统水环境、生物质量、栖息地、生物四方面评价要素的评价结果见表 4.27 ~ 表 4.30。

表 4.27 山口红树林生态系统水环境评价指标赋值结果

序 号	指 标	评价指标赋值
1	盐度	5
2	化学需氧量	5
3	石油类	5
水环境健康指数（W_{indx}）		5

表 4.28 山口红树林生态系统生物质量评价指标赋值结果

序 号	指 标	赋 值
1	Hg（$\mu g \cdot g^{-1}$）	5
2	Cd（$\mu g \cdot g^{-1}$）	5
3	Pb（$\mu g \cdot g^{-1}$）	5
4	As（$\mu g \cdot g^{-1}$）	5
5	油类（$\mu g \cdot g^{-1}$）	5
生物质量指数（BR_{indx}）		5

表 4.29 山口红树林生态系统栖息地评价指标赋值结果

序 号	指 标	赋 值
1	红树林面积比例	24
2	互花米草入侵面积	4
3	培育幼苗林冠浒苔覆盖率	4
4	林下有害大型藻覆盖度	4
5	人类扰动行为	4
栖息地健康指数（E_{indx}）		40

表 4.30　山口红树林生态系统生物评价指标赋值结果

序　号	指　标	赋　值
1	红树林覆盖度	30
2	红树林成活率	—
3	红树林密度	50
4	红树林种类组成	50
5	红树林平均树高	50
6	大型底栖动物密度	50
7	大型底栖动物生物量	50
8	病虫害受损率	50
9	红树林鸟类优势种种群数量变化 （同一季节比较）	50
生物群落健康指数（B_{indx}）		47.5

由上述结果可知，山口红树林生态系统的水环境和生物赋值评价为亚健康，栖息地状况和生物质量赋值评价为健康。山口红树林生态系统的生态健康指数为上述四部分评价要素综合赋值的总和，即：$CEH_{indx} = W_{indx} + BR_{indx} + E_{indx} + B_{indx} = 5 + 5 + 40 + 47.5 = 97.5$，这表明山口红树林生态系统为健康。

4.3　模型讨论

山口红树林总体呈健康状态。调查结果显示，山口红树林的成树密度为 4 873 ind. $\cdot$ hm^{-2}。其中有 2、20 两个站位是桐花树幼苗，不列入本次统计，这是因为本保护区内的红树林群落已趋于稳定状态，林下幼苗极少能长到成树，且幼苗更新快，数量年度变化大，统计站位内的幼苗树对了解保护区红树林群落生长情况意义不大。

在水环境方面，指标中未包含无机氮、活性磷酸盐等传统水质指标，氮磷作为营养要素，其指标限制对红树林自身生长的影响尚缺乏有效结论[241]，作为评价标准难以确定具体基准值[237]。因为土壤盐分决定了红树林的分布、区系及群落结构[242]，其改变对红树林有重要影响[243]，因此在设计盐度指标时，依据红树林区域盐度梯度变化来设定基准值范围。

在栖息地方面，为准确获得红树林面积数据，对红树林边界进行了定义，覆盖度超过30%以上的被定义为红树林斑块，其余则为红树林湿地。经综合专家意见，红树林面积宜按照红树林覆盖度超过20%的区域面积计算。互花米草、浒苔入侵以及人为扰动是红树林滩涂受威胁的重要因素，也是红树林栖息环境健康与否的重要表征，因此将上述指标作为栖息地重要评价具有现实意义。将"林冠浒苔覆盖率"指标修改为"培育幼苗林冠浒苔覆盖率"和"林下有害大型藻覆盖度"两类指标，并针对新修改的两类指标，分别制定了评价标准。一是考虑到浒苔等有害藻类对红树林新种植幼苗和成林的影响程度不同，分别制定了差异化的评价标准，有助于对不同生长期的红树林群落进行评价。二是考虑到夏秋季大型藻类大部分会死亡，这会影响评价结果，缺乏指示意义，因此林下有害大型藻覆盖度仅于冬、春季展开监测，同时考虑到红树林根部原本就有天然藻类，因此本指南中的有害大型藻类特指常见的浒苔和刚毛藻两类。

在生物质量方面，因各地地理差异，无法给出统一的生物种类，国内外普遍选用双壳类生物作为生物质量的实验生物。因此，山口红树林区域选取了短文蛤 *Meretrix petechialis*、琴文蛤 *Meretrix lyrata* 作为受试生物。有害藻、胶质生物没有具体的评价标准，不适合作为普适性的评价指标。

在生物群落方面，设计了红树林底栖动物生物量和密度指标，它们是反映红树林生态功能的重要指示性指标。增加了红树林群落种类组成、群落平均树高指标，因为这两个指标是红树林健康的重要表征。本研究采用了病虫害受损率作为红树林病害的指标，即按照受危害叶片数占总叶片数的百分比进行计算。主要原因在于若直接使用"病害"发生面积指标，无法界定成害的程度，导致无法统计成害面积。此外，生物群落指标还设计增加了鸟类指标，水鸟是湿地生态系统重要的组成部分，鸟类作为食物链顶端的生物，其群落组成和变化可以指示红树林生态系统整体食物供应和能量流动的健康循环，同时鹭类主要在红树林筑巢生息，也可以直接反映红树林的健康状态，鸟类是红树林生态系统最佳的指示生物。所以，本研究将鸟类多样性作为红树林生态系统健康的重要评价指标，鸟类种群数量越丰富，表明红树林生态系统越健康。由于季节变化对鸟类的迁徙有很大影响，因此本指南规定采用同一季节红树林鸟类优势种种群数量进行比较。对于红树林病虫害情况的评价，为便于监测和评估，采用病虫害受损率指标。生物群落指标既有宏观指标，也有微观指标，如群落种类组成、群落平均树高，这两个指标是红树林健康的重要表征。

总体来看，山口红树林生态系统处于健康状态，但生物质量指标感受到一定的压力，生物质量中的主要污染物为铅、镉和石油类，主要是因为山口红树林生态系统的两个调查片区均有地表水汇入，铁山港、英罗湾的地表水汇入主要包括铁山河、白沙河等较小的入海河流以及沿岸的养殖和生活污水，地表水降低了水环境 pH 值，提高了无机氮和磷酸盐含量，另外调查片区附近均有港口，尤其是丹兜海片区靠近北海市铁山港开发区，船舶等带来了重金属及石油类污染，导致底栖生物生物量降低。互花米草在山口近岸的大量存在，互花米草与部分红树林争夺阳光和养分，对保护区红树林的发展空间仍造成威胁。

山口保护区管护的海岸线约 53 km，所覆盖的区域隶属山口、沙田和白沙三镇，有 8 万多人，属于我国沿海相对欠发达的贫困地区。因此，当地对红树林自然资源的依赖或利用程度较高。目前，当地居民采捕与挖掘红树林底栖动物的行为依然存在，每年于红树林外围区设网具捕鸟的现象屡有发生。

为保护山口红树林生态系统，维持生态系统多样性，综合红树林生态系统健康状况、现存问题以及环境压力，建议开展以下 3 个方面的保护工作：

（1）控制养殖污染。对红树林生态系统周边的畜禽养殖禁养区、限养区进行优化，对无容量的重点海湾周边禁养限养。加强禁养区的长效管理，严格控制水产养殖尾水排放，管控畜禽养殖，确保畜禽无法越过海堤进入红树林。

（2）提高农村生活污水收集与处理率。加强附近乡镇污水的有效收集和处理，以科学手段提升污水收集率，确保污水处理厂进水满足运行要求。强化专业运维和业务指导，做好乡镇污水的运营管理，加大周边农村的综合整治试点力度。

（3）严格监管铁山港，尤其是铁山港东片区的开发。山口红树林生态系统与铁山港，尤其是与铁山港东片区距离较近，对于铁山港东片区的开发项目，需评估其对山口红树林生态系统的影响，控制开发项目对红树林生态系统的影响程度。

4.4 本章小结

（1）红树林生态系统健康评价指标体系包括水环境、生物质量、栖息地和生物群落等四大类共 21 项指标，其中，水环境、生物质量的权重分值为 5，栖息地权重分值为 40，生物群落权重分值为 50。

（2）山口红树林生态系统总体呈健康状态。红树林群落结构稳固，能够维持原有的生物多样性和生境完整性，并保持良好的发展趋势。植株胸径、株高和密度等指标的变化均不明显，这说明红树林的生长演替是十分微妙、渐进且漫长的过程，因此其生态系资源弥足珍贵。在该区域内，大型底栖动物的生物量保持稳定；红树林虫害以广州小斑螟为主，数量少且危害面积小，处于可控范围，没有对红树林群落构成危害；通过对外来物种无瓣海桑进行砍伐治理，基本消除了外来物种无瓣海桑对本土红树林的威胁；保护区共监测到鸟类 94 种，其中发现凤头蜂鹰、黑翅鸢、日本松雀鹰、红隼、红脚隼、褐翅鸦鹃、小鸦鹃、小杓鹬等 8 种国家二级保护动物。这表明保护区生境较好，适合鸟类在此区域内生活或迁徙停歇。

（3）山口保护区是我国南海海洋高等植物生态系统多样性的保留地；具有突出的海岸减灾功能以及丰富的海岸湿地生物多样性；是重要的海岸鸟类栖息地；是沿海农村传统的就业资源；是旅游、科研和教育的基地，同时也是海洋科学研究和海岸综合管理的国际合作基地。山口红树林湿地初级生产力高，生境复杂多元，植物群落类型丰富，动物生长基质完整程度较高，是大型底栖动物群落栖息的重要物质基础。

（4）红树林是热带、亚热带海岸潮间带特有的胎生木本植物群落，素有"海上森林""海岸卫士"之称。习近平总书记在广东湛江红树林国家级自然保护区考察时指出，"这片红树林是'国宝'，要像爱护眼睛一样守护好。加强海洋生态文明建设，是生态文明建设的重要组成部分。要坚持绿色发展，一代接着一代干，久久为功，建设美丽中国，为保护好地球村作出中国贡献"。北海海草床生态系统总体健康，但也受水环境污染、人类活动干扰、外来物种入侵等潜在威胁，应该持续强化红树林生态系统的保护与修复。一是控制养殖污染。严格控制水产养殖尾水排放，管控畜禽养殖，确保畜禽不越过海堤进入红树林。二是提高农村生活污水收集、处理率。科学有效提升污水收集率，确保污水处理厂进水达到运行要求。三是加强铁山港区域监管，严格控制开发项目对红树林生态系统的影响。

河口、海湾生态系统健康评价

5.1 研究方法

5.1.1 评价体系构建

5.1.1.1 评价指标体系

海湾及河口生态系统健康评价包括水环境、沉积环境、生物质量、栖息地、生物群落等五大类指标，各类指标及生态学意义见表5.1。

表5.1 海湾及河口生态系统健康评价指标及生态学意义

指　标		生态学意义
水环境	优良水质面积比例	优良水质面积比例反映水环境质量状况。主要通过 pH、溶解氧、化学需氧量、石油类、活性磷酸盐、无机氮等6项水质指标，计算一、二类水质的海水面积占总评价面积的比例，即优良水质面积比例
沉积环境	有机碳	反映沉积环境有机污染的状况。有机碳的分解和矿化作用可引发水体富营养化和重金属等污染物释放等环境问题
	硫化物	

指　标		生态学意义
生物质量	Hg、Cd、Pb、As、石油烃	化学污染物能够在海洋生物体内蓄积，人类食用污染物含量过高的鱼类及贝类等海产品会给健康带来严重风险，该指标指示生态系统重要服务功能——提供食物的质量状况，生物体污染物含量也是指示环境污染压力状况的指标
栖息地	滨海湿地生境面积	滨海湿地生境面积的稳定是河口、海湾生境健康的重要标志
	沉积物组分	表层沉积物特征决定底栖动物的分布、区系及群落结构，沉积物特征的改变对底栖动物有重要影响
生物群落	浮游植物密度	浮游植物能够影响整个生态系统物质和能量的流动，浮游植物群落相对稳定说明生态相对稳定，其数量异常增加或减少，都会引起生态系统的波动。同时，浮游植物既可间接反映出初级生产力的情况，也反映出富营养化、悬浮物质输入、有毒物质等环境压力
	浮游动物密度	浮游动物是海洋中最重要的类群，是海洋食物网中的关键环节，其密度及生物量的变化，直接影响生态系统的健康状况
	浮游动物生物量鱼卵及仔鱼密度	河口是重要的产卵场，重要经济鱼类卵的丰度可直接反映鱼类资源现状及资源的持续发展状况
	底栖动物密度底栖动物生物量	底栖动物生物量、密度是反映河口海湾生境健康状态的重要指标，底栖动物群落结构异常变化，其密度和生物量剧烈升高或降低，都说明河口或者海湾区域的环境质量状况不稳定

5.1.1.2　评价方法

河口、海湾生态系统健康评价方法参见 2.1.1 部分。其中，河口、海湾生物群落指标评价基准主要依据历史调查数据确定，以历史上近岸生态系统相对健康阶段的上述指标的数值来确定相应的基准。由于浮游植物、浮游动物及底栖动物的指标始终变化，从理论上讲健康生态系统的上述指标应处在一个相对稳定的区间波动，在此区间内变化属于健康，高出或低于这一范围则为亚健康或不健康。因此，浮游植物、浮游动物及底栖动物的评价基准应给出一个相应的阈值范围。同时，根据不同区域海洋生态特征，重新划分了 24 个分区。表 5.2 ~ 表 5.6 分别给出了各区域四个季节的浮游植物密度、浮游动物密度、浮游动物生物量、大型底栖动物密度、大型底栖动物生物量的评价标准值。

表 5.2　各区域四个季节浮游植物密度评价标准值

序号	分　区	浮游植物密度（$\times 10^5$ cells · m^{-3}）			
		春季	夏季	秋季	冬季
1	辽东半岛东部海域	30	20	30	70
2	辽东半岛南部近岸海域	30	0.2	0.1	0.2
3	辽东半岛西部海域	70	2	4	2
4	辽东湾海域	20	1	10	1
5	辽西—冀东海域	1	20	10	1
6	渤海湾—莱州湾海域	10	20	4	1
7	渤海海峡山东近岸海域	40	1	3	2
8	烟台近岸海域	30	1	1	1
9	威海近岸海域	30	1	20	1
10	山东半岛南部海域	1	1	30	1
11	苏北浅滩海域	1	1	3	1
12	长江口—杭州湾海域	20	30	50	3
13	舟山群岛上升流海域	0.3	40	60	0.2
14	浙江南部群岛海域	3	40	40	30
15	福建北部海域	70	40	60	60
16	台湾海峡福建近岸海域	1	1	70	170
17	广东南澳岛海域	120	500	120	20
18	珠江口以东海湾海域	10	50	4	30
19	珠江口海域	20	200	10	2
20	广东西部海域	100	20	180	130
21	琼州海峡海域	10	10	20	20
22	北部湾海域	20	80	380	100
23	海南岛西南部海域	2	20	10	10
24	海南岛东部海域	20	260	10	200

表 5.3　各区域四个季节浮游动物密度评价标准值

序号	分　区	浮游动物密度（$\times 10^3$ ind. · m^{-3}）			
		春季	夏季	秋季	冬季
1	辽东半岛东部海域	20	10	10	3
2	辽东半岛南部近岸海域	10	2	3	4
3	辽东半岛西部海域	3	10	10	3
4	辽东湾海域	10	40	10	10

序号	分 区	浮游动物密度（×10³ind.·m⁻³）			
		春季	夏季	秋季	冬季
5	辽西—冀东海域	20	20	10	4
6	渤海湾—莱州湾海域	10	20	10	2
7	渤海海峡山东近岸海域	20	20	20	10
8	烟台近岸海域	30	10	20	4
9	威海近岸海域	20	3	20	20
10	山东半岛南部海域	10	10	1	2
11	苏北浅滩海域	10	10	3	0.2
12	长江口—杭州湾海域	10	10	10	10
13	舟山群岛上升流海域	20	10	30	2
14	浙江南部群岛海域	10	20	40	2
15	福建北部海域	10	10	10	2
16	台湾海峡福建近岸海域	0.8	10	2	10
17	广东南澳岛海域	20	30	20	10
18	珠江口以东海湾海域	10	40	10	10
19	珠江口海域	20	20	20	10
20	广东西部海域	10	50	10	10
21	琼州海峡海域	20	20	20	10
22	北部湾海域	10	20	20	10
23	海南岛西南部海域	70	60	60	60
24	海南岛东部海域	20	40	40	30

表 5.4　各区域四个季节浮游动物生物量评价标准值

序号	分 区	浮游动物生物量（mg·m⁻³）			
		春季	夏季	秋季	冬季
1	辽东半岛东部海域	90	230	110	320
2	辽东半岛南部近岸海域	280	280	140	510
3	辽东半岛西部海域	100	200	120	100
4	辽东湾海域	110	370	70	110
5	辽西—冀东海域	480	330	80	90
6	渤海湾—莱州湾海域	120	170	100	60
7	渤海海峡山东近岸海域	220	350	120	190
8	烟台近岸海域	290	210	120	210

续表

序号	分 区	浮游动物生物量（mg·m⁻³）			
		春季	夏季	秋季	冬季
9	威海近岸海域	270	140	120	100
10	山东半岛南部海域	300	310	150	400
11	苏北浅滩海域	300	310	130	30
12	长江口—杭州湾海域	190	480	60	30
13	舟山群岛上升流海域	650	330	180	70
14	浙江南部群岛海域	150	250	130	40
15	福建北部海域	430	100	110	40
16	台湾海峡福建近岸海域	50	380	180	10
17	广东南澳岛海域	75	430	60	150
18	珠江口以东海湾海域	100	480	60	280
19	珠江口海域	200	310	60	140
20	广东西部海域	90	260	30	150
21	琼州海峡海域	160	120	140	80
22	北部湾海域	70	90	90	170
23	海南岛西南部海域	100	150	110	40
24	海南岛东部海域	2	410	40	150

表5.5 各区域四个季节大型底栖动物密度评价标准值

序号	分 区	大型底栖动物密度（ind.·m⁻²）			
		春季	夏季	秋季	冬季
1	辽东半岛东部海域	200	80	90	15
2	辽东半岛南部近岸海域	170	80	30	10
3	辽东半岛西部海域	240	410	360	350
4	辽东湾海域	200	340	290	380
5	辽西—冀东海域	350	610	180	320
6	渤海湾—莱州湾海域	90	310	150	260
7	渤海海峡山东近岸海域	300	470	250	630
8	烟台近岸海域	140	500	90	230
9	威海近岸海域	250	360	170	180
10	山东半岛南部海域	110	140	90	110
11	苏北浅滩海域	80	90	20	70
12	长江口—杭州湾海域	20	20	30	20

序号	分 区	大型底栖动物密度（ind.·m^{-2}）			
		春季	夏季	秋季	冬季
13	舟山群岛上升流海域	160	170	240	80
14	浙江南部群岛海域	40	390	30	390
15	福建北部海域	40	220	60	340
16	台湾海峡福建近岸海域	300	150	130	640
17	广东南澳岛海域	450	110	90	220
18	珠江口以东海湾海域	160	320	90	140
19	珠江口海域	360	130	120	170
20	广东西部海域	150	50	240	30
21	琼州海峡海域	310	30	150	50
22	北部湾海域	230	100	220	240
23	海南岛西南部海域	80	20	140	40
24	海南岛东部海域	40	30	120	50

表 5.6　各区域四个季节大型底栖动物生物量评价标准值

序号	分 区	大型底栖动物生物量（g·m^{-2}）			
		春季	夏季	秋季	冬季
1	辽东半岛东部海域	50	10	50	10
2	辽东半岛南部近岸海域	40	10	40	10
3	辽东半岛西部海域	10	30	20	20
4	辽东湾海域	10	10	10	10
5	辽西—冀东海域	10	10	10	20
6	渤海湾—莱州湾海域	4	10	10	10
7	渤海海峡山东近岸海域	10	10	10	10
8	烟台近岸海域	3	4	2	10
9	威海近岸海域	20	20	10	30
10	山东半岛南部海域	20	20	50	30
11	苏北浅滩海域	10	10	30	10
12	长江口—杭州湾海域	0.3	1	0.2	1
13	舟山群岛上升流海域	3	20	30	10
14	浙江南部群岛海域	2	10	30	10
15	福建北部海湾海域	2	10	20	10
16	台湾海峡福建近岸海域	30	20	20	3

序号	分　区	大型底栖动物生物量（g·m⁻²）			
		春季	夏季	秋季	冬季
17	广东南澳岛海域	10	2	40	3
18	珠江口以东海湾海域	10	2	4	5
19	珠江口海域	10	4	2	4
20	广东西部海域	10	10	10	10
21	琼州海峡海域	10	10	10	10
22	北部湾海域	20	70	20	160
23	海南岛西南部海域	10	1	10	3
24	海南岛东部海域	10	3	10	10

5.1.2　生态环境调查

5.1.2.1　站位布设

监测海域为北部湾北部的广西近岸海域及广东湛江市雷州半岛等毗邻海域。在北部湾沿岸共布设 29 个点，其中，在广西沿海布设 23 个，广东沿海布设 6 个。具体监测站位见表5.7。

表 5.7　北部湾生态系统健康评价监测点位信息

点位编码	经度（°）	纬度（°）	生态系统	监测指标
1 号	108.5482	21.7990	北部湾	水质、沉积物、生物
2 号	108.6190	21.6350	北部湾	水质、沉积物、生物
3 号	108.4021	21.6320	北部湾	水质、沉积物、生物
4 号	108.2160	21.5480	北部湾	水质、沉积物、生物
5 号	108.3570	21.5400	北部湾	水质、沉积物、生物
6 号	109.0290	21.5350	北部湾	水质、沉积物、生物
7 号	108.9210	21.5280	北部湾	水质、沉积物、生物
8 号	108.6280	21.5098	北部湾	水质、沉积物、生物
9 号	108.4755	21.5018	北部湾	水质、沉积物、生物
10 号	109.6010	21.4960	北部湾	水质、沉积物、生物

点位编码	经度（°）	纬度（°）	生态系统	监测指标
11 号	108.0933	21.4933	北部湾	水质、沉积物、生物
12 号	109.0860	21.4882	北部湾	水质、沉积物、生物
13 号	108.9500	21.4399	北部湾	水质、沉积物、生物
14 号	109.8350	21.4395	北部湾	水质、沉积物、生物
15 号	109.7610	21.4349	北部湾	水质、沉积物、生物
16 号	109.3720	21.4319	北部湾	水质、沉积物、生物
17 号	108.2870	21.4056	北部湾	水质、沉积物、生物
18 号	109.6370	21.3877	北部湾	水质、沉积物、生物
19 号	109.4492	21.3717	北部湾	水质、沉积物、生物
20 号	109.2024	21.3672	北部湾	水质、沉积物、生物
21 号	108.6410	21.3492	北部湾	水质、沉积物、生物
22 号	108.9720	21.2948	北部湾	水质、沉积物、生物
23 号	109.3540	21.2650	北部湾	水质、沉积物、生物
24 号	109.6730	21.0690	北部湾	水质、沉积物、生物
25 号	109.3460	20.9951	北部湾	水质、沉积物、生物
26 号	109.7480	20.7030	北部湾	水质、沉积物、生物
27 号	109.4070	20.6765	北部湾	水质、沉积物、生物
28 号	109.8910	20.4490	北部湾	水质、沉积物、生物
29 号	109.5160	20.3790	北部湾	水质、沉积物、生物

5.1.2.2 监测指标

水环境质量：水温、pH、溶解氯、化学需氧量、盐度、氨氮、硝酸盐、亚硝酸盐、活性磷酸盐、石油类、SS、铜、锌、铬、汞、镉、铅、砷、叶绿素 a。

沉积物质量：硫化物、石油类、有机碳、铜、锌、铬、汞、镉、铅、砷、粒度。

生物质量：监测 1~2 种经济贝类污染物残留状况，包括铜、锌、铬、汞、镉、铅、砷、石油烃和麻痹性贝毒。

栖息地状况：岸线及生物栖息地面积变化。

生物群落：浮游植物、浮游动物、鱼卵与仔稚鱼（采用浮游生物Ⅰ型网垂直取样获取定量数据）、大型底栖生物等生物群落状况。

5.1.2.3　调查评价方法

参考《海洋监测规范》（GB 17378.3—2007）、《海洋调查规范》（GB/T 1276）、《近岸海域环境监测规范》（HJ 442—2008）、《海水水质标准》（GB 3097—1997）、《海洋沉积物质量》（GB 18668—2002）《海洋生物质量》（GB 18421—2001）、《海洋调查规范海洋地质地球物理调查》（GB/T 13909—1992）执行。

5.2　评价结果

5.2.1　环境概况

北部湾属于西太平洋的边缘内湾，位于中国南海的西北部，是一个半封闭的海湾，面积接近 1.3×10^5 km²。水深分布呈现出从沿岸向海湾的中西部和湾口逐渐加深之态[244]，海域平均水深 42 m，最深达 100 m[245]。我国境内较大的入海河流包括南流江、大风江、钦江、茅岭江、防城江、北仑河等[246]。重要海湾、海域包括铁山港湾、廉州湾、钦州湾、防城港湾、珍珠港湾等[247]。

北部湾位于北回归线以南的低纬度区域，属南亚热带海洋性季风气候区，具有季风明显、海洋性强、干湿分明、冬暖夏凉、灾害性天气较多等气候特点[248]。

北部湾海域的潮汐类型为非正规全日潮和正规全日潮，全日潮时间占比 60% ~ 70%，潮差较大，沿岸各地最大潮差 6.25 m，平均潮差 2.42 m，属于强潮岸段。

区域沿海地区潮流类型主要属于往复流性质，潮流平均流速在 20 ~ 60 cm·s⁻¹，落潮流大于涨潮流，表层流速大于底层。流向基本与岸线或水槽的走向平行。

海域沿海地区近岸海域水温为夏、秋季高，冬、春季低；垂直梯度为春、夏季大，秋、冬季小。海水表层水温范围为 10.0 ~ 33.0℃，底层水温范围为 10.0 ~ 32.0℃，沿海年平均水温为 23.0 ℃。

海域沿海地区近岸海域盐度季节性变化较大，沿岸海水盐度平均为 28.81%。盐度的年变化具有明显的周期性，随降水量和径流量的大小而变化。

海域入海河流共有 170 多条，流域面积在 50 km² 以上的河流有 123 条，分别汇成 22 条干流独流入海，年径流总量约 2.5 × 10¹⁰ m³。主要入海河流具体信息详见表 5.8。

表 5.8　主要入海河流基本情况表

河流名称	河流长度（km）	汇入海域	河口所在地
南流江	287	廉州湾海域	北海市
大风江	185	三娘湾海域— 大风江口—廉州湾海域	钦州市
钦江	179	茅尾海海域	钦州市
茅岭江	121	茅尾海海域	钦州市
防城江	100	防城港海域	防城港市
北仑河	107	东兴港海域	防城港市与越南界河
西门江	44	廉州湾海域	北海市
白沙河	72	铁山港海域	北海市
南康江	31	铁山港海域	北海市

5.2.2　调查结果

5.2.2.1　水质

1. 盐度

调查海域的盐度变化范围在 17.2 ~ 32.3，平均值为 29.8；低值区出现在茅尾海湾内，整体呈由湾内中部向外梯度递增的变化趋势。

2. pH

调查海域 pH 变化范围在 8.03 ~ 8.33，平均值为 8.19；低值区出现在茅尾海、防城港湾、廉州湾及北海市南部近岸海域，整体呈由湾内中部向外梯度递增的变化趋势，调查海域的 pH 监测数据符合一类海水水质标准。

3. 溶解氧

调查海域溶解氧（DO）变化范围在 5.30 ~ 8.50 mg · L⁻¹，平均值为 6.82 mg · L⁻¹；低值区出现在大风江口及北海市南部近岸海域，铁山港沙田港至广东安铺港以及雷州半岛西南部海域 DO 浓度较高。调查海域的 DO 监测数据中有 10.3% 的站位符合二类海水水质标准，其余站位均符合一类海水水质标准。

4. 无机氮

海水中溶解的无机氮，也称为"活性氮"，主要为化合态的 $NO_3 - N$、$NO_2 - N$ 和 $NH_3 - N$。其浓度值为硝酸盐氮、亚硝酸盐氮、氨氮的总和。4 月，调查海域的无机氮含量变化范围为 $0.004 \sim 0.46\ mg \cdot L^{-1}$，平均值为 $0.09\ mg \cdot L^{-1}$。其中，亚硝酸盐含量变化范围为未检出 $\sim 0.01\ mg \cdot L^{-1}$，硝酸盐氮含量变化范围为未检出 $\sim 0.42\ mg \cdot L^{-1}$，氨氮含量变化范围为 $0.000\ 6 \sim 0.03\ mg \cdot L^{-1}$。无机氮的高值区出现在廉州湾和茅尾海，整体呈由湾内向湾外梯度递减的变化趋势。监测结果表明，有 10.3% 的站位无机氮超过二类海水水质标准。

5. 活性磷酸盐

调查海域活性磷酸盐含量变化范围为 $0.001 \sim 0.029\ mg \cdot L^{-1}$，平均值为 $0.006\ mg \cdot L^{-1}$；高值区位于茅尾海和廉州湾海域。监测结果表明，调查海域活性磷酸盐的各站位中有 13.8% 符合二类海水水质标准，其余站位均符合一类海水水质标准。

6. 重金属

1）铜

调查海域的铜含量变化范围为 $0.000\ 03 \sim 0.001\ 49\ mg \cdot L^{-1}$，平均值为 $0.000\ 57\ mg \cdot L^{-1}$。海域铜含量分布呈现出由湾内向湾外递减的变化趋势，高值区出现在廉州湾和安铺港海域，所有站位的铜含量均符合一类海水水质标准。

2）铅

调查海域的铅含量变化范围为 $0.000\ 02 \sim 0.000\ 32\ mg \cdot L^{-1}$，平均值为 $0.000\ 07\ mg \cdot L^{-1}$；调查海域铅含量高值区出现在廉州湾和铁山港海域，防城港、茅尾海和北海市南部近岸海域的铅含量较低，所有站位的铅含量均符合一类海水水质标准。

3）锌

调查海域的锌含量变化范围为 $0.000\ 1 \sim 0.004\ 0\ mg \cdot L^{-1}$，平均值为 $0.001\ 2\ mg \cdot L^{-1}$；调查海域锌含量分布呈现出由湾内向湾外递减的变化趋势，高值区出现在安铺港海域，所有站位的锌含量均符合一类海水水质标准。

4）镉

调查海域的镉含量变化范围为 $0.000\,006 \sim 0.000\,064\ mg \cdot L^{-1}$，平均值为 $0.000\,029\ mg \cdot L^{-1}$；调查海域镉含量分布呈现出由湾内向湾外递减的变化趋势，高值区出现在防城港西湾、茅尾海和安铺港海域，所有站位的镉含量均符合一类海水水质标准。

5）汞

调查海域的汞含量变化范围为 $0.000\,001 \sim 0.000\,020\ mg \cdot L^{-1}$，平均值为 $0.000\,007\ mg \cdot L^{-1}$；调查海域汞含量高值区出现在珍珠湾、北仑河口、安铺港以及雷州半岛西南部海域，北海市南部海域和钦州湾的汞含量相对较低。所有站位的汞含量均符合一类海水水质标准。

6）砷

调查海域的砷含量变化范围为 $0.000\,7 \sim 0.001\,4\ mg \cdot L^{-1}$，平均值为 $0.001\,0\ mg \cdot L^{-1}$；调查海域砷含量高值区出现在廉州湾防城港海域，铁山港、钦州湾的砷含量相对较低，所有站位的砷含量均符合一类海水水质标准。

7）铬

调查海域的铬含量变化范围为 $0.000\,04 \sim 0.000\,25\ mg \cdot L^{-1}$，平均值为 $0.000\,1\ mg \cdot L^{-1}$；调查海域铬含量高值区出现在廉州湾海域，防城港和钦州湾的铬含量相对较低，所有站位的铬含量均符合一类海水水质标准。

8）镍

调查海域的镍含量变化范围为 $0.000\,04 \sim 0.000\,9\ mg \cdot L^{-1}$，平均值为 $0.000\,36\ mg \cdot L^{-1}$；调查海域镍含量高值区出现在铁山港海域，防城港的镍含量相对较低，所有站位的镍含量均符合一类海水水质标准。

7. 石油类

调查海域的石油类含量变化范围为 $0.004 \sim 0.042\ mg \cdot L^{-1}$，平均值为 $0.026\ mg \cdot L^{-1}$；高值区位于防城港、钦州湾外湾、雷州半岛西面近岸海域，珍珠湾、茅尾海、廉州湾和安铺港的石油类含量相对较低。监测结果表明，各站位的石油类含量均符合一类海水水质标准。

5.2.2.2　沉积物

1. 有机碳

海域沉积物有机碳的变化范围为 0.08% ~ 1.51%，平均含量为 0.70%，高值区出现在防城港东湾、茅尾海、铁山港海域，廉州湾和北海市南部海域的有机碳含量较低。调查海域各点位的有机碳含量均符合第一类海洋沉积物质量标准。

2. 硫化物

北部湾生态调查海域沉积物的硫化物变化范围为 0.2 ~ 795 mg·kg^{-1}，平均含量为 52.9 mg·kg^{-1}，调查海域沉积物硫化物高值区出现在防城港湾局部海域，监测结果表明，除了防城港湾口局部海域硫化物为劣三类标准，其他各站位沉积物中的硫化物含量均符合第一类海洋沉积物质量标准。

3. 铜

北部湾生态调查海域沉积物的铜变化范围为 1.09 ~ 38.0 mg·kg^{-1}，平均含量为 9.55 mg·kg^{-1}，调查海域沉积物各站位中的铜含量差异不大，高值区出现在廉州湾局部海域，监测结果表明，除了廉州湾 1 个点位为铜二类标准，其他各站位的铜含量均符合第一类海洋沉积物标准。

4. 铅

北部湾生态调查海域沉积物的铅含量变化范围为 2.61 ~ 44.4 mg·kg^{-1}，平均含量为 17.6 mg·kg^{-1}，调查海域沉积物中的铅高值区出现在防城港湾南部、钦州湾中部和廉州湾局部海域，监测结果表明，各站位的铅含量均符合第一类海洋沉积物标准。

5. 镉

北部湾生态调查海域沉积物的镉含量变化范围为 0.01 ~ 0.25 mg·kg^{-1}，平均含量为 0.06 mg·kg^{-1}，调查海域沉积物中的镉高值区出现在钦州湾海域，各站位的镉含量均符合第一类海洋沉积物标准。

6. 锌

北部湾生态调查海域沉积物的锌含量变化范围为 4.13 ~ 88.8 mg·kg^{-1}，平均含量为 39.1 mg·kg^{-1}，调查海域沉积物中的锌高值区出现在钦州湾至防城港湾、涠洲岛东南部海域，各站位的锌含量均符合第一类海洋沉积物标准。

7. 汞

北部湾生态调查海域沉积物的汞含量变化范围为 0.006 ~ 0.126 mg·kg^{-1}，平均含量为 0.031 mg·kg^{-1}，调查海域沉积物中的汞高值区出现在防城港企沙南部、廉州湾海域，各站位汞含量均符合第一类海洋沉积物标准。

8. 砷

北部湾生态调查海域沉积物的砷含量变化范围为 1.65 ~ 19.4 mg·kg^{-1}，平均含量为 8.51 mg·kg^{-1}，调查海域沉积物中的砷高值区出现在廉州湾海域，各站位的砷含量均符合第一类海洋沉积物标准。

9. 铬

北部湾生态调查海域沉积物的铬含量变化范围为 3.36 ~ 42.4 mg·kg^{-1}，平均含量为 19.4 mg·kg^{-1}，调查海域沉积物中的铬高值区出现在防城港湾南部海域，各站位的铬含量均符合第一类海洋沉积物标准。

10. 镍

北部湾生态调查海域沉积物的镍含量变化范围为 1.20 ~ 34.7 mg·kg^{-1}，平均含量为 12.2 mg·kg^{-1}，调查海域沉积物中的镍最大值出现在钦州湾海域。

11. 石油类

北部湾生态调查海域沉积物的石油类含量变化范围为 0.50 ~ 221 mg·kg^{-1}，平均含量为 18.0 mg·kg^{-1}，调查海域沉积物中的石油类高值区出现在廉州湾局部海域，各站位的石油类含量均符合第一类海洋沉积物标准。

5.2.2.3 生物质量

2019 年 10 月采集了 20 个点位的经济贝类（牡蛎、丽文蛤和红树蚬）并进行了生物质量测定。其测定结果如表 5.9 所示。结果显示，所采集的经济贝类的总汞及铬均符合《海洋生物质量》（GB 18421—2001）第一类标准，铅、镉、砷及石油烃均符合第二类标准，铜和锌在大部分点位均符合第一类标准，其中红沙 - 牡蛎、金鼓江 - 牡蛎、龙门港牡蛎铜和锌含量比较高，均超出第三类标准。

表 5.9 经济贝类生物质量监测结果 （×10⁻⁶）

贝类物种	位置	铬	镍	铅	砷	铜	锌	总汞	镉	石油烃
红树蚬	大番坡	0.14	2.1	0.13	0.3	1.2	61.6	0.008	0.148	6.9
牡蛎	红沙	0.08	0.3	0.07	<0.2	158	472	0.007	0.852	11.8
牡蛎	金鼓江	0.11	0.4	0.1	<0.2	119	733	0.01	0.938	17.3
牡蛎	良港村	0.14	0.6	0.2	0.7	30.8	367	0.011	1.69	22.9
牡蛎	龙门港	0.13	0.4	0.07	0.3	132	549	0.006	0.991	32.2
文蛤	北海银滩	0.23	0.6	0.09	1.2	1.42	19.8	0.009	0.076	7.9
文蛤	北仑河口	0.2	0.7	0.26	0.5	1.06	16.3	0.005	0.086	13.4
文蛤	大坪坡	0.12	0.3	0.13	0.9	5.89	13.8	<0.002	0.464	7.8
文蛤	党江	0.3	0.8	0.21	0.9	1.41	20.4	0.002	0.076	8.9
文蛤	红沙	0.15	1	0.12	0.4	1.43	19.6	0.004	0.128	8.7
文蛤	金鼓江	0.19	1	0.16	0.5	0.89	14.6	0.005	0.112	20.7
文蛤	良港村	0.23	2.2	0.2	0.6	2.39	28.8	0.003	0.084	9.7
文蛤	沙螺寮	0.09	0.8	0.06	0.7	1.36	13.6	<0.002	0.131	12.3
文蛤	石头埠	0.27	0.9	0.16	0.6	1.08	12.9	0.009	0.07	5.5
文蛤	西场	0.1	0.5	0.07	1	0.84	8.1	0.004	0.142	5.1
文蛤	犀牛脚养殖	0.14	0.7	0.11	0.9	0.78	9.7	<0.002	0.089	1.3
文蛤	营盘	0.34	1.3	0.22	0.6	1.17	14.7	0.004	0.09	13.8
文蛤	渔洲坪	0.1	0.9	0.09	0.5	1.8	29	0.004	0.11	11.6
文蛤	珍珠港	0.18	0.9	0.12	0.5	1.21	15.9	0.005	0.099	4
文蛤	榕根山	0.09	1.5	0.07	0.8	0.98	12.2	0.009	0.155	8.8

5.2.2.4 生物群落

1. 浮游植物群落结构

1）种类组成

2019 年北部湾海域浮游植物水样共鉴定出 5 门 50 属 97 种，其中，硅藻门占绝对优势，共 74 种，占总种类的 76.3%；其次是甲藻门，共 17 种，占总种类的 17.5%。

浮游植物网样（浅水Ⅲ型浮游生物网）共鉴定出 4 门 50 属 107 种，其中，硅藻门占绝对优势，共 84 种，占总种类的 78.5%；其次是甲藻门，共 17 种，占总种类的 15.9%。

2）优势种

2019 年北部湾海域浮游植物优势种共有 7 种。其中，浮游植物水样优势种有 4 种，依次为短角弯角藻、碎片菱形藻、柔弱拟菱形藻和尖刺拟菱形藻；浮游植物网样优势种有 5 种，依次为短角弯角藻、菱软几内亚藻、尖刺拟菱形藻、菱形海线藻和螺端根管藻。两种采样方式的共有优势种有 2 种，分别是短角弯角藻和尖刺拟菱形藻，详见表 5.10。

表 5.10　北部湾海域浮游植物优势种

样品类型		水样			网样		
物种	拉丁名	丰度比（%）	出现率（%）	优势度	丰度比（%）	出现率（%）	优势度
短角弯角藻	*Eucampia zoodiacus*	25.5	86	0.220	31.7	93	0.295
碎片菱形藻	*Nitzschia frustulum*	9.2	97	0.089	—	—	—
柔弱拟菱形藻	*Pseudonitzschia delicatissima*	20.9	14	0.029	—	—	—
尖刺拟菱形藻	*Pseudonitzschia pungens*	2.7	93	0.025	4.5	90	0.040
菱软几内亚藻	*Guinardia delicatula*	—	—	—	21.2	100	0.272
菱形海线藻	*Thalassionema nitzschioides*	—	—	—	2.9	97	0.028
螺端根管藻	*Rhizosolenia cochlea*	—	—	—	2.7	76	0.021

注：以优势度 >0.02 作为优势种的判定依据，"—"表示该物种不属于优势种，下同。

3）细胞丰度

2019 年北部湾海域浮游植物水样细胞丰度范围为（2.8 ~ 106.7）× 10^3 cells · L^{-1}，平均值为 24.9 × 10^3 cells · L^{-1}。从空间分布上看，细胞丰度高值区主要分布在钦州湾、防城港西部、两广交界和雷州半岛西部海域。

2019 年北部湾海域浮游植物网样细胞丰度范围为（0.7 ~ 97.5）× 10^2 cells · L^{-1}，平均值为 16.8 × 10^2 cells · L^{-1}。从空间分布上看，细胞丰度高值区主要分布在钦州湾和涠洲岛东部海域。

4）生物多样性与生境质量

2019 年北部湾海域浮游植物生物多样性指数（H'）范围为 0.69 ~ 4.27，平均值为 3.17，整体多样性水平较高。从空间分布上看，北部湾大部分海域生境质量优良（$H' \geqslant 3.00$）或一般（$2.00 \leqslant H' < 3.00$），仅在钦州湾、防城港西部、两广交界和雷州半岛西部等海域出现差（$1.00 \leqslant H' < 2.00$）或极差（$H' < 1.00$）的情况。

2019 年北部湾海域浮游植物网样的生物多样性指数范围为 0.99 ~ 3.78，平均值为 2.48，整体多样性水平一般。从空间分布上看，北部湾大部分海域生境质量优良或一般，仅在钦州湾、防城港西部、涠洲岛东南部和北海南部等海域出现差或极差的情况。

2. 浮游动物群落结构

1）浮游动物种类组成

2019 年，北部湾海域 I 型网采浮游动物共鉴定出 17 类 180 种，其中桡足类和水螅水母类各 51 种，各占种类组成的 28.3%；浮游幼体 23 种（类），占种类组成的 12.8%；其他种类占种类组成的 30.6%。

II 型网采浮游动物有 13 类 123 种，其中桡足类 45 种，占总种类数量的 37%；水螅水母类 26 种，占总种类数量的 21%；浮游幼体 19 种（类），占总种类数量的 15%；其他种类占种类组成的 27%。

2）浮游动物优势种

2019 年，北部湾海域 I 型网采浮游动物优势种一共有 4 种，其中以鸟喙尖头溞的优势度最高，海域平均丰度为 1 063 ind. $\cdot$ m^{-3}，其丰度占总浮游动物丰度的 49.04%。详见表 5.11。

表 5.11　广西近岸海域 I 型网采浮游动物优势种统计

类别	种类名称	拉丁名	I 型浮游动物		
			优势度	平均丰度（ind. $\cdot$ m^{-3}）	占比（%）
枝角类	鸟喙尖头溞	*Penilia avirostris*	0.389	1 063	49.04
浮游幼体	长尾类糠虾幼虫	Mccruran larva	0.093	225	10.36
原生动物	夜光虫	*Noctiluca scientillans*	0.045	157	7.24
浮游幼体	短尾类溞状幼虫	Zoea larva（Brachyura）	0.026	60	2.79

2019 年，北部湾海域 II 型网采浮游动物优势种一共有 5 种，其中以鸟喙尖头溞的优势度最高，海域平均丰度为 5 703 ind $\cdot$ m^{-3}，其丰度占总浮游动物丰度的 27.86%。详见表 5.12。

表 5.12　2019 年广西近岸海域 Ⅱ 型网采浮游动物优势种统计

类别	种类名称	拉丁名	Ⅱ 型浮游动物		
			优势度	平均丰度 （ind. · m^{-3}）	占比（%）
枝角类	鸟喙尖头溞	*Penilia avirostris*	0.202	5 703	27.86
桡足类	强额孔雀水蚤	*Pavocalanus crassirostris*	0.120	3 089	15.09
原生动物	夜光虫	*Noctiluca scientillans*	0.056	2 564	12.53
浮游幼体	蔓足类无节幼虫	Nauplius larva（Cirripdia）	0.046	18 291	8.93
桡足类	尖额诸猛水蚤	*Euterpina acutifrons*	0.029	708	3.46

3）浮游动物数量和生物量分布

2019 年，北部湾海域Ⅰ型网采浮游动物个体数量的变化范围为 29 ~ 15 305 ind. · m^{-3}，均值为 2 169 ind. · m^{-3}。浮游动物个体数量的分布详见图 5.38；调查站位的浮游动物生物量变化范围为 11.84 ~ 5 636.00 mg · m^{-3}，均值为 473.19 mg · m^{-3}。

北部湾海域Ⅱ型网采浮游动物个体数量的变化范围为 743 ~ 96 866 ind. · m^{-3}，均值为 20 473 ind. · m^{-3}。浮游动物个体数量的分布详见图 5.40；调查站位的浮游动物生物量变化范围为 107.14 ~ 4 875.00 mg · m^{-3}，均值为 1 202.96 mg · m^{-3}。

4）浮游动物生物多样性

2019 年，北部湾海域Ⅰ型网采浮游动物多样性指数的范围为 0.90 ~ 4.14；多样性指数平均值为 2.59，Ⅰ型网采浮游动物的生境质量等级总体为一般。

北部湾海域Ⅱ型网采浮游动物多样性指数的范围为 0.76 ~ 4.24；多样性指数平均值为 2.69，Ⅱ型浮游动物的生境质量等级总体为一般。

5）小结

本次调查中，北部湾海域Ⅰ型网采浮游动物共检出 17 类 180 种，Ⅱ型网采浮游动物共检出 13 大类 123 种，均以桡足类和水螅水母类居多。Ⅰ型网采浮游动物的个体数量及生物量均显著高于Ⅱ型网采浮游动物，生物多样性指数两种网型样品基本一致，生境质量等级均为一般。

3. 鱼卵、仔鱼的数量及分布

本次调查共采集到鱼卵 368 粒，仔鱼 259 尾。各调查站位鱼卵仔鱼的总计密度在 0 ~ 75 ind. · m^{-3}，平均密度为 14 ind. · m^{-3}，出现频率为 89.66%，密度最高值主要分布在北海铁山港海域西北部；鱼卵密度在 0 ~ 50 ind. · m^{-3}，平均密度为

9 ind. · m^{-3}，出现频率为 69.0%，密度最高值主要分布在北海铁山港海域西北部；仔鱼密度在 0 ~ 37 ind. · m^{-3}，平均密度为 6 ind. · m^{-3}，出现频率为 75.9%，密度最高值主要分布在防城港海域南部。

4. 底栖生物群落结构

1）底栖生物种类组成

2019 年北部湾海域的大型底栖生物较为丰富，共鉴定出 9 门 78 科 166 种，以环节动物 83 种为最多，占种类总数的 50.0%；其次为软体动物门 38 种，占种类组成的 22.9%；节肢动物门和棘皮动物门分别为 18 种、11 种，占比分别为 10.8% 和 6.6%；其他类动物（包括星虫动物门、脊索动物门、纽形动物门、腔肠动物门及半索动物门）共 16 种，见表 5.13。

表 5.13 北部湾海域底栖生物种类组成

门类	环节动物门	软体动物门	节肢动物门	棘皮动物门	星虫动物门	脊索动物门	纽形动物门	腔肠动物门	半索动物门
种类数	83	38	18	11	5	4	4	2	1

2）底栖生物优势种

2019 年，北部湾海域大型底栖优势种生物只有欧蚊虫一种，优势度指数为 0.032，其余优势度相对较高的有滩栖阳遂足、东方三齿蛇尾、弦毛内卷齿蚕、背毛背蚓虫、豆形短眼蟹等物种，见表 5.14。

表 5.14 北部湾海域大型底栖生物优势度指数统计

类别名称	中文名	拉丁名	出现频率	优势度
环节动物门	欧文虫	*Owenia fusiformis*	0.31	0.0319
棘皮动物门	滩栖阳遂足	*Amphiura vadicola Matsumoto*	0.14	0.0099
棘皮动物门	东方三齿蛇尾	*Amphiodia orientalis*	0.28	0.0095
环节动物门	弦毛内卷齿蚕	*Aglaophamus lyrochaeto*	0.24	0.0080
环节动物门	背毛背蚓虫	*Notomastus cf aberans*	0.24	0.0077
节肢动物门	豆形短眼蟹	*Xenophthalmus pinnotheroides*	0.21	0.0054
环节动物门	太平洋稚齿虫	*Prionospio pacifica*	0.24	0.0046
环节动物门	毛须鳃虫	*Cirriformia filigera*	0.17	0.0043
棘皮动物门	光滑倍棘蛇尾	*Amphioplus laevis*	0.17	0.0039
环节动物门	加州中蚓虫	*Mediomastus californiensis*	0.24	0.0037

3）底栖生物栖息密度

2019 年北部湾海域大型底栖生物栖息密度范围为 10 ~ 325 ind.·m⁻²，平均值为 118 ind.·m⁻²。从平面分布看，大型底栖生物栖息密度高值主要分布在广西北海市，如铁山港区、西场镇和沙田镇的近岸海域。另外，防城港金滩、企沙外部的局部海域也存在密度的高值区，而钦州市茅尾海以及广东与广西交界海域底栖生物栖息密度则较低。

4）底栖生物生物量

2019 年北部湾海域各站位生物量在 0.35 ~ 371.90 g·m⁻²，平均值为 44.05 g·m⁻²。从平面分布来看，2019 年大型底栖生物生物量高值区集中在广西北海市的近岸海域。其中，铁山港附近海域生物量达 371.90 g·m⁻²，另广东与广西交界海域也存在生物量高值区，生物量低值区主要分布在防城港市以及雷州半岛近岸的局部海域，钦州市茅尾海内湾生物量也较低。生物量水平整体上表现出由西向东逐渐增加的趋势。

5）底栖生物生物多样性评价

大型底栖生物多样性指数范围为 0 ~ 4.16，平均值为 2.78，其生境质量等级评价表现为"一般"。其中，北海廉州湾海域的生物多样性指数最高，铁山港近岸局部海域生物多样性水平则相对较低。从平面分布来看，北部湾海域的大部分点位，其大型底栖生物生境质量表现为"一般"及其以上水平，生境质量差的区域主要分布于沿海各区的近岸及湾口海域。

6）小结

本次对北部湾海域大型底栖生物的调查共鉴定出 9 门 78 科 166 种，以环节动物数量居多，优势种生物只有欧蚊虫一种，优势度指数为 0.032。栖息密度范围为 10 ~ 325 ind.·m⁻²，平均值为 118 ind.·m⁻²。生物量在 0.35 ~ 371.90 g·m⁻²，平均值为 44.05 g·m⁻²。生物多样性指数范围为 0 ~ 4.16，平均值为 2.78。

5. 潮间带生物群落结构

1）潮间带生物种类组成

2019 年，北部湾海域潮间带生物种类丰富，共鉴定出 11 门 92 科 238 种，以软体动物 121 种为最多，占种类总数的 51.5%；其次为节肢动物门 54 种，占种类总数的 23.4%；环节动物门有 39 种，占比为 15.9%；其他类动物（包括扁形动物门、棘皮动物门、纽形动物门、腔肠动物、螠虫动物门、星虫动物门、脊索动物门）共24 种，约占种类总数的 9.2%，见表 5.15。

表 5.15　北部湾潮间带生物种类组成

门类	软体动物门	节肢动物门	环节动物门	脊索动物门	腔肠动物门	棘皮动物门	星虫动物门	纽形动物门	蟊虫动物门	扁形动物门	腕足动物门
种类数	121	54	39	8	5	2	3	2	1	1	2

2）潮间带生物优势种

2019 年，北部湾海域潮间带优势种生物有纹藤壶、白条地藤壶和查加拟蟹守螺 3 种，其中纹藤壶的优势度最高，达 0.054，其余优势度相对较高的有中间拟滨螺、短指和尚蟹、小翼拟蟹守螺和中国绿螂等物种，见表 5.16。

从出现频率来看，纹藤壶、查加拟蟹守螺和短指和尚蟹是北部湾潮间带的常见种。

表 5.16　北部湾海域潮间带生物优势度指数统计

类别名称	中文名	拉丁名	出现频率	优势度
节肢动物门	纹藤壶	*Amphibalanus amphitrite*	0.43	0.054
节肢动物门	白条地藤壶	*Euraphia withersi*	0.14	0.045
软体动物门	查加拟蟹守螺	*Cerithidea djadjariensis*	0.43	0.020
软体动物门	中间拟滨螺	*Littorinopsis intermedia*	0.36	0.019
节肢动物门	短指和尚蟹	*Mictyris brevidactylus*	0.43	0.011

3）底栖生物栖息密度

2019 年，北部湾海域潮间带生物栖息密度范围为 16 ~ 2 772 ind. · m^{-2}，均值为 413 ind. · m^{-2}。从平面分布来看，广西沿海三市的潮间带生物栖息密度均处于较高水平，高值主要分布在广西北海市如铁山港区、钦州市的犀牛脚断面，另外防城港市的渔洲坪和白龙尾断面栖息密度也较高，栖息密度的低值主要位于钦州的大风江断面，另外，北海市西场和金海湾断面、钦州市的康熙岭、盐田港断面和防城港竹山、白龙尾断面潮间带生物栖息密度也较低；北部湾海域潮间带底栖生物栖息密度整体表现为湾内低于湾外。

4）底栖生物生物量

北部湾海域各站位生物量波动范围为 18.46 ~ 464.72 g · m^{-2}，平均值为 176.08 g · m^{-2}。从平面分布来看，2019 年潮间带生物量高值区集中在广西防城港市的近海区域，其中珍珠湾断面的潮间带生物量达最高值，为 464.72 g · m^{-2}，生物量的低值区主要分布在钦州市茅尾海康熙岭断面和大风江入海口的大风江断面。在广西沿海三市，生物量水平整体上表现出由西向东逐渐增加的趋势。

5) 底栖生物生物多样性评价

北部湾潮间带生物多样性指数范围为 1.37～4.43，平均值为 2.89，生境质量等级评价表现为"一般"。从平面分布来看，北部湾海域大部分潮间带生物生境质量表现为"一般"及其以上水平，北部湾海域潮间带生物多样性水平的高值区主要位于防城港以及广东广西交界的局部滩涂，而茅尾海湾内的康熙岭以及北海市竹林断面的生境质量则较差。

本次调查中，北部湾海域潮间带生物共鉴定出 11 门 92 科 238 种，以软体动物居多，优势种生物有纹藤壶、白条地藤壶和查加拟蟹守螺 3 种。栖息密度范围为 16～2 772 ind. $\cdot$ m^{-2}，均值为 413 ind. $\cdot$ m^{-2}。生物量在 18.46～464.72 g $\cdot$ m^{-2}，平均值为 176.08 g $\cdot$ m^{-2}。生物多样性指数范围为 1.37～4.43，平均值为 2.89。

5.2.3　健康评价模型

5.2.3.1　评价指标类别与权重分值

河口生态系统和海湾生态系统生态健康评价包括水环境、沉积环境、生物质量、栖息地、生物群落五类指标，各类指标权重分值见表 5.17。

表 5.17　河口生态系统和海湾生态系统指标权重分值

指标	水环境	沉积环境	生物质量	栖息地	生物群落
权重分值	15	10	10	20	45

5.2.3.2　水环境

1. 评价指标及赋值

水环境评价指标见表 5.18。水环境指标的权重分值为 15，按照 Ⅰ 级、Ⅱ 级、Ⅲ 级进行赋值。其中优良水质（一、二类）面积指标 Ⅰ 级赋值为 15、Ⅱ 级赋值为 10、Ⅲ 级赋值为 5。优良水质面积比例宜按照《近岸海域环境监测技术规范第十部分　评价及报告》（HJ 442.10—2020）标准计算[249]。

表 5.18　河口生态系统和海湾生态系统水环境评价指标

指　标	Ⅰ级	Ⅱ级	Ⅲ级
优良（一、二类）水质面积比例*	≥80%	50%≤·<80%	<50%

注：*表示河口生态系统和海湾生态系统水环境评价范围为离岸 10km 以内海域。

2. 水环境健康指数

水环境健康指数 W_{indx} 根据优良水质（一、二类）面积比例所对应的赋值确定。当 W_{indx} 为 15 时，水环境为健康；当 W_{indx} 为 10 时，水环境为亚健康；当 W_{indx} 为 5 时，水环境为不健康。

5.2.3.3　沉积环境

沉积环境评价方法及健康指数计算方法参见 3.2.3.3 部分。

5.2.3.4　生物质量

生物质量的评价指标、评价方法及健康指数计算方法参见 4.1.2.3 部分。生物质量指标的权重分值为 10，按照Ⅰ级、Ⅱ级、Ⅲ级进行赋值。其中，其中各指标Ⅰ级赋值为 10，Ⅱ级赋值为 5，Ⅲ级赋值为 1。当 BR_{indx} ≥7.5 时，生物质量为健康；当 3≤ BR_{indx} <7.5 时，生物质量为亚健康；当 BR_{indx} <3 时，生物质量为不健康。

5.2.3.5　栖息地

1. 评价指标及赋值

栖息地的评价包括滨海湿地分布面积变化、表层沉积物主要粒径组分含量年度变化两类指标，各评价指标见表 5.19。栖息地指标的权重分值为 20，按照Ⅰ级、Ⅱ级、Ⅲ级进行赋值。其中各指标Ⅰ级赋值为 20，Ⅱ级赋值为 10、Ⅲ级赋值为 5。

表 5.19　河口生态系统和海湾生态系统栖息地评价指标

序号	指　标	Ⅰ级	Ⅱ级	Ⅲ级
1	滨海湿地分布面积变化	增加或无变化	减少≤5%	减少>5%
2	表层沉积物主要粒径组分含量年度变化	≤2%	2%<·≤5%	>5%

2. 评价指标计算方法

1）湿地分布面积变化

滨海湿地分布面积变化按公式（5.1）计算：

$$SA = \frac{SA_{-1} - SA_0}{SA_{-1}} \times 100\% \tag{5.1}$$

式中，SA 为分布面积变化；SA_{-1} 为前一年的分布面积；SA_0 为评价时的分布面积。

2）沉积物主要组分含量变化

沉积物主要组分含量年度变化按公式（3.4）计算。

3. 栖息地健康指数

栖息地健康指数按公式（2.13）计算。

当 $E_{indx} \geqslant 15$ 时，栖息地为健康；当 $7.5 \leqslant E_{indx} < 15$ 时，栖息地为亚健康；当 $E_{indx} < 7.5$ 时，栖息地为不健康。

5.2.3.6　生物群落

1. 评价指标及赋值

生物群落评价包括浮游植物密度、浮游动物密度、浮游动物生物量、鱼卵及仔鱼密度、大型底栖动物密度、大型底栖动物生物量六类指标，各评价指标见表5.20。生物群落指标的权重分值为45，按照Ⅰ级、Ⅱ级、Ⅲ级进行赋值。其中各指标Ⅰ级赋值为45、Ⅱ级赋值为30、Ⅲ级赋值为15。A、B、C、D、E 分别为浮游植物密度、浮游动物密度、浮游动物生物量、大型底栖动物密度、大型底栖动物生物量的评价标准值见表5.20，具体标准值宜按表5.2～表5.6执行。

表 5.20　河口生态系统和海湾生态系统生物群落评价指标

序号	指　标	Ⅰ级	Ⅱ级	Ⅲ级
1	浮游植物密度[a]（cells·m^{-3}）	50% A≤·≤150% A	10% A≤·<50% A 或 150% A<·≤200% A	<10% A 或 >200% A
2	浮游动物密度[b]（ind.·m^{-3}）	75% B≤·≤125% B	50% B≤·<75% B 或 125% B<·≤150% B	<50% B 或 >150% B
3	浮游动物生物量[c]（mg·m^{-3}）	75% C≤·≤125% C	50% C≤·<75% C 或 125% C<·≤150% C	<50% C 或 >150% C

序号	指　标	Ⅰ级	Ⅱ级	Ⅲ级
4	鱼卵及仔鱼密度[d]（ind.·m⁻³）	>50%	5%<·≤50%	≤5%
5	大型底栖动物密度（ind.·m⁻²）	75%D≤·≤125%D	50%D≤·<75%D 或 125%D<·≤150%D	<50%D 或 >150%D
6	大型底栖动物生物量（g·m⁻²）	75%E≤·≤125%E	50%E≤·<75%E 或 125%E<·≤150%E	<50%E 或 >150%E

注：a 表示浮游植物密度采用浅水Ⅲ型浮游生物网垂直拖网采样的密度；

　　b 表示浮游动物密度采用浅水Ⅱ型浮游生物网垂直拖网采样的密度；

　　c 表示浮游动物生物量采用浅水Ⅰ型浮游生物网垂直拖网采样，除去水母类等胶质生物后的生物量；

　　d 表示鱼卵与仔鱼的密度为鱼类主要产卵季节的调查结果。

2. 评价指标计算方法

各指标的赋值根据平均值及赋值要求确定。各项指标平均值按公式（5.2）计算：

$$\overline{D_q} = \frac{\sum_1^n D_{qi}}{n} \tag{5.2}$$

式中，$\overline{D_q}$ 为评价区域第 q 项评价指标平均值；n 为评价区域监测点位总数；D_{qi} 为第 i 个点位第 q 项评价指标测值。

3. 生物群落健康指数

生物群落健康指数按公式（5.3）计算：

$$D_{indx} = \frac{\sum_1^m D_q}{m} \tag{5.3}$$

式中，D_{indx} 为生物群落健康指数；m 为生物评价指标总数；D_q 为第 q 个生物评价指标赋值。

当 $D_{indx} \geq 37.5$ 时，生物群落为健康；当 $22.5 \leq D_{indx} < 37.5$ 时，生物群落为亚健康；当 $D_{indx} < 22.5$ 时，生物群落为不健康。

5.2.3.7　生态健康指数

河口生态系统和海湾生态系统生态健康指数按公式（5.4）计算：

$$CEH_{\text{indx}} = W_{\text{indx}} + S_{\text{indx}} + BR_{\text{indx}} + E_{\text{indx}} + D_{\text{indx}} \qquad (5.4)$$

式中，CEH_{indx} 为河口生态系统和海湾生态系统生态健康指数。

依据 CEH_{indx} 评价河口生态系统和海湾生态系统生态健康指数：

当 $CEH_{indx} \geq 80$ 时，生态系统为健康；当 $43 \leq CEH_{indx} < 80$ 时，生态系统为亚健康；当 $CEH_{indx} < 43$ 时，生态系统为不健康。

5.2.4 健康评价结果

5.2.4.1 水环境健康评价

根据2019年4月份北部湾生态系统水环境健康评价结果分析，海域水环境健康指数为15，海域水质为健康状态。个别点位的无机氮、活性磷酸盐和溶解氧存在超标现象。其中，廉州湾的7号站和10号站、茅尾海26号站3个站位的无机氮超标较重，赋值低。详见表5.21。

表 5.21 北部湾水环境健康评价指数

指 标	面积比例	健康指数 W_{index}
优良（一、二类）水质	89%	15

5.2.4.2 沉积环境健康评价

根据2019年4月份北部湾生态系统沉积环境健康评价结果分析，海域沉积物健康指数为9.9，海域沉积物为健康状态。沉积环境中，个别点位的硫化物存在超标现象，防城港东湾湾口5号站超二类，赋值低。详见表5.22。

表 5.22 北部湾沉积物健康评价指数

监测点位	硫化物赋值 Si	油类赋值 Si	有机碳赋值 Si	平均值
1号	10	10	10	10
2号	10	10	10	10
3号	10	10	10	10
4号	10	10	10	10
5号	1	10	10	7

续表

监测点位	硫化物赋值 Si	油类赋值 Si	有机碳赋值 Si	平均值
6 号	10	10	10	10
7 号	10	10	10	10
8 号	10	10	10	10
9 号	10	10	10	10
10 号	10	10	10	10
11 号	10	10	10	10
12 号	10	10	10	10
13 号	10	10	10	10
14 号	10	10	10	10
15 号	10	10	10	10
16 号	10	10	10	10
17 号	10	10	10	10
18 号	10	10	10	10
19 号	10	10	10	10
20 号	10	10	10	10
21 号	10	10	10	10
22 号	10	10	10	10
23 号	10	10	10	10
24 号	10	10	10	10
25 号	10	10	10	10
26 号	10	10	10	10
27 号	10	10	10	10
28 号	10	10	10	10
29 号	10	10	10	10
S_q	9.7	10	10	9.9
沉积物健康指数 (S_{index})	9.9			

5.2.4.3 生物质量健康评价

对北部湾附近海域的文蛤、红树蚬和牡蛎等经济贝类进行了生物质量监测,北部湾生物质量指标健康指数的范围为 7~9,平均值为 8,北部湾生物质量健康指数为健康，见表5.23。

表5.23 北部湾生物质量指标健康评价指数

序号	指标	红树蚬	文蛤	牡蛎	健康指数
1	Hg（$\mu g \cdot g^{-1}$）	10	10	10	10
2	Cd（$\mu g \cdot g^{-1}$）	10	10	5	8
3	Pb（$\mu g \cdot g^{-1}$）	5	5	5	5
4	As（$\mu g \cdot g^{-1}$）	10	10	10	10
5	油类（$\mu g \cdot g^{-1}$）	10	10	5	8
	S_q	9	9	7	8
生物质量健康指数（S_{index}）		8			

5.2.4.4 栖息地健康评价

北部湾周边近两年围填海减少，湿地面积变化较小（≤5%），沉积物组分基本无变化（≤2%），根据生物栖息地环境健康状况按健康指数进行评价，指标评价指数为20。

5.2.4.5 生物群落健康评价

2019年4月份，北部湾海洋生物指标健康指数范围平均为20.2，北部湾海域海洋生物平均健康指数为亚健康，主要表现为鱼卵仔鱼密度、底栖动物密度、底栖动物生物量较低，而浮游植物、浮游动物密度、浮游动物生物量偏高，详见表5.24。

表5.24 北部湾海洋生物群落指标健康评价指数

站位	指标赋值						健康指数
	浮游植物密度	浮游动物密度	浮游动物生物量	鱼卵及仔鱼	底栖动物密度	底栖动物生物量	
1号	15	15	30	30	15	15	20.0
2号	45	15	30	45	15	45	32.5
3号	30	15	30	15	30	15	22.5
4号	15	15	15	15	30	15	17.5
5号	30	45	15	15	15	15	22.5

续表

站位	指标赋值						
	浮游植物密度	浮游动物密度	浮游动物生物量	鱼卵及仔鱼	底栖动物密度	底栖动物生物量	健康指数
6 号	15	15	30	15	15	15	17.5
7 号	15	30	15	30	30	15	22.5
8 号	30	15	15	30	30	45	27.5
9 号	30	15	15	30	15	15	20.0
10 号	30	45	45	15	15	30	30.0
11 号	15	15	45	30	15	30	25.0
12 号	30	15	15	15	15	45	22.5
13 号	15	45	30	30	30	30	30.0
14 号	30	15	15	15	15	15	17.5
15 号	30	15	15	15	15	45	22.5
16 号	30	15	15	30	15	15	20.0
17 号	30	15	15	45	15	15	22.5
18 号	30	15	15	30	15	15	20.0
19 号	15	15	15	30	30	15	20.0
20 号	30	15	15	15	15	15	17.5
21 号	15	15	15	45	45	15	25.0
22 号	15	15	15	45	15	15	20.0
23 号	15	15	15	30	30	15	20.0
24 号	30	15	15	30	45	15	25.0
25 号	30	45	15	30	15	15	25.0
26 号	30	15	15	30	30	15	22.5
27 号	30	30	15	45	15	15	25.0
28 号	30	30	15	15	15	15	20.0
29 号	30	45	15	30	15	15	23.3
S_q	25.34	21.72	19.66	27.41	21.21	20.69	22.61
S_{index}	22.61						

5.2.4.6　生态系统健康评价

北部湾海洋生态系统健康评价指数为 75.5，生态系统总体为亚健康；其中，水环境、沉积环境、生物质量、栖息环境为健康，生物群落为亚健康，见表 5.25。

表 5.25　北部湾生态系统健康评价指数

健康评价指标类别	指标代号	各类指标权重	指标结果
水	W_q	15	15
沉积环境	S_q	10	9.9
生物质量（10月）	B_q	10	8
栖息地	E_{index}	20	20
生物群落	B_{index}	45	22.6
健康评价指数		100	75.5

5.3　模型讨论

北部湾海洋生态系统为亚健康。其中，水环境、沉积环境、生物质量、栖息地环境为健康，而生物群落为亚健康，且生物群落波动极为显著，这表明该海域生态系统尚不稳定。

在水环境方面，河口海湾区域是陆海交汇最强烈的区域，也是人类活动集中、受陆源污染影响显著的区域，还是海洋生物重要的产卵场、育幼场和索饵场。本研究没有采用传统的水质要素单一因子评价法，而是将优良水质（一、二类）比例作为评价指标，具有以下三点优势：其一，通过数学差分，将各水质要素数据栅格化，获得水质等级面积，相较于水质等级的点位比例更为合理，避免了少数点位对大区域的影响，符合海洋连通性的特点；其二，便于管理部门考核，当前美丽海湾建设、地方水质考核皆以水质面积比例作为考核指标，采用水质比例有助于与管理部门的实际需求紧密连接。其三，对于河口海湾生态系统而言，海洋生态健康状况不应局限于一类海水水质标准之内，建议将每级标准提高 $0.1\ mg \cdot L^{-1}$。

在生物群落方面，生物多样性指标健康、亚健康、不健康的赋值难以明确界定。同时，生境差异决定了生物分布，浮游植物受营养盐、光照、海流等环境因素影响较为明显。例如，文昌鱼生活在粒径为 $0.063 \sim 0.5\ mm$ 的砂质环境中，而在此底质环境内，多毛类种类数量极少，导致生物多样性指数偏低，但如果说该区域不健康也不合理。在研究过程中，也考虑过是否采用变化率等更为直观的指标，因生物密度和生物量变化较大，计算各区域生物群落健康指数时差别较大，可能影响判定结果。变化率虽然能够较好地反映一定时期内生物群落的变化程度，但不利于我们掌握其趋势变化的方向。例如，某一区域生物量如果持续下降，但下降幅度小于波动标准幅度（变化率小），系统健康就会一直呈健康状态，然而实际情况却是生物群落质量确是下降。而且，如果采用多年平均值作为基准也是随机变化的，相当于用一个变量评估另一个变量，也不合理。

为此，本研究梳理了大量历史资料，以历史上近岸生态系统相对健康阶段的上述指标数值来确定相应的基准。由于浮游植物、浮游动物及底栖动物的指标始终处于变化之中，从理论上讲，健康生态系统的上述指标应处于相对稳定的区间波动，在此区间内变化属于健康，高出或低于这一范围则为亚健康或不健康。因此，浮游植物、浮游动物及底栖动物的评价基准应给出一个相应的阈值范围。同时，根据不同区域海洋生态特征，重新划分了 24 个分区，再对各分区内每个指标按照季节进行赋值。

研究结果显示，北部湾局部海域遭受环境污染，近岸局部海域水质较差，茅尾海海域局部呈现四类或劣四类；廉州湾局部海域为四类。同时，北部湾局部海域海洋生态面临破坏风险，生物多样性程度不高。2019 年，北部湾鱼卵仔鱼密度、底栖动物密度、底栖动物生物量偏低，生物资源数量较少，渔业功能下降；由于局部海域环境污染，富营养化程度上升，浮游植物、浮游动物密度、浮游动物生物量偏高，赤潮爆发的风险增大。

为进一步提升北部湾海域生态健康水平，提出如下意见建议：

（1）坚持陆海统筹，把控氮、磷入海量。贯彻落实流域到海洋的陆海统筹理念，展开北部湾及其廉州湾、钦州湾（包括茅尾海）、防城港湾、铁山港湾等重点海湾的氮、磷来源调查，研究北部湾营养盐环境容量，以海洋环境容量为前提条件，明确陆域氮、磷污染物入海总量控制目标，并分配落实到各流域、各市的陆域环境污染管理控制单元，全面控制氮、磷入海量。

（2）推进海湾生态修复。推进北部湾重点海湾环境综合整治及生态修复，加快推进入海河流整治工作。针对年度水质超标的南流江、钦江以及白沙河进行重点整治。加大"一河一策"精准治污力度，对水质波动较大的大风江开展流域污染调查，编制综合整治方案。结合茅尾海、廉州湾、防城港湾等重点海湾的整治目标，对钦江、茅岭江、南流江以及防城江进行流域综合整治，控制入海河流污染物入海总量。

5.4 本章小结

（1）河口生态系统和海湾生态系统健康评价指标体系包括水环境、沉积环境、生物质量、栖息地和生物群落等5大类16项指标。其中，水环境权重分值为15，沉积环境权重分值为10，生物质量权重分值为10，栖息地权重分值为20，生物群落权重分值为45。

（2）北部湾海域海水水质总体良好，除了个别站位无机氮超出海水水质二类标准，其余均可达到二类标准，主要污染因子为无机氮。海水沉积物中，除了有1个站位硫化物超出海水水质三类标准，其余项目的石油类、重金属（铜、锌、铬、汞、镉、铅、砷、镍）、有机碳均能达到海洋沉积物一类标准。贝类的总汞、铬均符合海洋生物质量海洋沉积物，铅、镉、砷及石油烃均符合海洋生物质量第二类标准，铜和锌大部分点位均符合海洋生物质量第一类标准。其中，红沙－牡蛎、金鼓江－牡蛎、龙门港牡蛎铜和锌含量比较高，均超出第三类标准。调查海域主要污染因子为硫化物。在浮游植物水样中，共鉴定出5门50属97种，网样中共鉴定出4门50属107种，二者均以硅藻为主要类群。水样和网样的浮游植物优势种共有7种，其中两种不同采样方式的共有优势种仅两种，均以短角弯角藻为最为优势物种。浮游植物水样细胞丰度平均值为 24.9×10^3 ind. · L^{-1}。网样细胞丰度平均值为 1.68×10^3 ind. · L^{-1}。浮游植物水样多样性指数（H'）平均值为3.17，网样生物多样性指数平均值为2.48。从浮游植物水样的物种多样性来看，北部湾大部分海域生境质量优良或一般，整体生境质量较高，但从网样来看，北部湾海域整体生境质量一般。Ⅰ型网采浮游动物共检出17类180种，Ⅱ型网采浮游动物共检出13大类123种，均以桡足类和水螅水母类居多。Ⅰ型网采浮游动物个体数量及生物量均显著高于Ⅱ型网采浮游动物，两种网型样品的生物多样性指数基本一致，生境质量等级均为一般。大型底栖生物共鉴定出9门78科166种，以环节动物居多，优势种生物只有欧蚊虫一种，优势度指数为0.032。潮间带生物共鉴定出11门92科238种，以软体动物居多，优势种生物有纹藤壶、白条地藤壶和查加拟蟹守螺3种。鱼卵仔鱼密度、底栖动物密度、底栖动物生物量较低，浮游植物、浮游动物密度、浮游动物生物量偏高。

（3）北部湾海洋生态系统总体为亚健康。其中，水环境、沉积环境、生物质量、栖息地环境为健康，生物群落为亚健康。浮游生物、浮游动物、底栖动物群落剧烈波动是导致亚健康的主要原因。

（4）为有效保护北部湾海洋生态系统健康，应从坚持陆海统筹，控制氮、磷入海量和推进海湾生态保护与修复着手，以此推动北部湾海洋生态环境保护工作，着力打造水清、滩净、湾美、渔鸥翔集的美丽海湾。

海洋生态环境保护对策研究

6.1　我国海洋生态环境保护存在的主要问题

随着生态文明建设的持续推进，我国全面实施了大气、水、土壤污染防治行动计划以及污染防治攻坚战。这使得我国在海洋生态环境保护方面取得了积极的成果。海洋环境质量逐渐得到改善，海水环境质量也呈现出持续向好的趋势。尤其是近岸海域的环境质量得到了进一步提升，生态保护修复工作也得以加强。然而，也需清醒认识到，当前我国仍然处于污染物排放和环境风险的高峰期，海洋生态退化和灾害频发的问题也叠加出现[250]。在部分重点海域，生态环境问题依旧突出，亟待解决。因此，未来的海洋生态环境保护工作依旧任重道远，需要持续努力，以实现全面、深入的生态环境改善。

6.1.1　局部海域环境污染问题依然突出

自 2001 年至"十二五"期间，我国管辖海域的海水水质整体呈恶化趋势。全海域四类和劣四类水质的面积呈现总体上升趋势，2001 年为 $3.3 \times 10^4\ km^2$，而到 2012 年这一数值增至最高，达到 $6.8 \times 10^4\ km^2$，相较于 2001 年增加了一倍有余。在此期间，劣四类水质海域也逐渐由长江口、杭州湾、珠江口等局部海域，扩大至包括黄海北部、辽东湾、渤海湾、莱州湾、江苏沿岸等在内的大部分近岸海域。自"十三五"以来，劣四类水质呈现显著下降趋势，至 2020 年已减少到 3×10^4 km^2。尽管如此，仍有 9.4% 的海域水质处于劣四类，局部污染问题依旧严峻，需要持续关注并采取措施加以改善。

6.1.2　部分海洋生态系统健康状况堪忧

1. 富营养化致使海洋生态环境质量下降

通过河流输送、大气沉降以及海水养殖等多种途径，大量的氮、磷等营养盐进入海洋，导致我国近岸的主要河口和海湾生态系统出现严重的富营养化问题。这种富营养化现象的加剧引发了浮游生物群落的高幅震荡，使得浮游植物种类组成和优势种类在年际间发生显著变化。优势种的密度增加，而多样性明显减少，导致赤潮等生态灾害频繁发生。同时，污染物的排放也增加了近岸水体中的悬浮物浓度，对珊瑚生长产生不良影响。因此，珊瑚礁群落的优势种类发生明显演替，结构趋于单一化，使得珊瑚礁区的生物多样性降低，造礁珊瑚的覆盖率也随之下降。这些问题亟待解决，以维护海洋生态系统的健康和生物多样性。

2. 过度捕捞致使海洋生态系统失衡

随着近海捕捞强度的不断增加，尽管近几十年我国近海渔业的渔获总量有所上升，但高价值经济种类的占比却持续下滑。由于高营养级鱼类资源的枯竭，沿食物链的级联效应逐渐显现，使得近海捕捞的目标从原本经济价值较高的大型底层和近底层生物种类转变为小型中上层鱼类。这导致经济鱼类的幼鱼和低值杂鱼在捕捞中的比例上升，而低营养级低值鱼类的过度捕捞则使得海洋荒漠化现象日益严重。同时，对底栖生物的过度捕捞也造成底栖生物群落向个体小型化和低值化方向演变，使得底栖经济贝类的种群数量明显减少，部分种类甚至在局部区域已经消失。此外，繁忙的海上运输和水下密布的渔网也对大型水生动物，特别是像中华白海豚这样的珍稀物种，构成了严重的生存威胁。

3. 开发活动导致海洋生物栖息地破坏

由于频繁开展的石油开采、港口建设、海堤建设、围海养殖、填海造地、拖网、采挖作业等开发活动，海洋生物的栖息地遭受了严重破坏，致使海洋生态系统受到不同程度的影响。这些开发活动使得滨海湿地的面积不断减少，系统完整性受损，进而阻隔了鱼、虾、蟹类的洄游通道，导致生物栖息地大量丧失，滨海湿地生物多样性降低，生产力下降。此外，不合理的海堤建设削弱了红树林对海平面上升的抗性，围填海工程改变了红树林生态系统的水动力条件，致使红树植物种类多样性丧失、群落结构发生逆向演替。同时，在清塘排污过程中，大量污染物的集中排放致使大面积红树林死亡。另外，挖贝、挖沙虫、耙螺、牡蛎养殖、拖网作业、家畜养殖等经济活动也抑制了海草的生长，破坏了其栖息地。不标准的海上作业经常导致漏油和污染物泄漏，使诸多浮游生物急性中毒死亡，对鱼卵和鱼类的早期发育产生巨大影响，进而引发浮游生物种群的剧烈波动，导致渔业资源在短期内迅速下降。

4. 外来物种入侵严重影响海洋生物多样性

外来入侵物种的引入对本地生态系统构成严重威胁。这些物种通过挤占本地土著生物的生态位，形成了单一优势种群，从而导致生物多样性的丧失。这种丧失进而影响生态系统的结构和功能，并造成严重的经济损失。互花米草是一种典型的外来入侵物种，它通过阻隔湿地的水文连通性，极大地改变了淤泥质光滩的景观和本土物种的栖息环境。以黄河口的著名景观"红地毯"为例，2017 年，近 50% 的区域被互花米草占据，对该区域的生物多样性造成严重破坏。福建泉州湾洛阳江沿岸的情况也不容乐观，大片的互花米草侵占了大面积的滩涂，与红树林竞争生境，使得红树林的生长受到威胁。这些案例充分说明了外来入侵物种对本土生态系统和生物多样性的巨大影响，以及全面、有效、及时采取防控措施的必要性。

5. 气候变化威胁近岸海洋生态系统健康状况

气候变化对海洋环境造成了多方面的影响。其中，海平面的上升、水温的升高以及海洋的酸化成为改变海洋生态环境的主要驱动因素。这些影响预计将对海洋生态系统的健康以及人类社会的可持续发展产生深远的影响。海平面的上升直接威胁到了沿海地区人类的生存环境以及近岸的海洋生态系统。在过去的 100 年里，全球海平面上升了 10~25 cm，致使沿海地区大片的潮滩湿地和滨海低地被淹没，进而引发珊瑚礁、红树林等典型生态环境以及其他多种海岸资源的大面积丧失[251]。而在 1980—2020 年期间，中国沿海的气温与海温也呈现出上升趋势，其上升速率分别为 $0.38\ ℃\cdot10\ a^{-1}$ 与 $0.20\ ℃\cdot10\ a^{-1}$，这种变化导致生物群落结构发生改变，使得珊瑚出现白化并死亡。因此，我们必须高度重视气候变化对海洋环境的影响，积极采取应对措施，保护海洋生态系统的健康和可持续性。

6.1.3　海洋生态灾害频发

1. 我国海洋生态灾害仍处于高发期

目前，我国海洋生态灾害仍然处于高发阶段，并且表现出灾害类型不断增多、持续时间延长以及影响区域扩大的趋势。过去以赤潮频发为主，如今演变为多种海洋生态灾害并发，包括赤潮、大型藻类、水母、敌害生物、污损生物以及病原微生物等，对我国的海洋生态系统造成严重影响。同时，致灾生物种群构成和空间分布也发生了变化，无毒硅藻大面积赤潮逐渐演变为甲藻、着色鞭毛藻小面积多发赤潮，赤潮生物呈现出微型化和有毒化的趋势。大型藻藻华的发展也由单一性向复合型转变，其持续时间和影响范围依旧居高不下。此外，致灾水母物种逐渐多样化，其影响范围、持续时间和危害程度均呈现不同程度的增加。在致灾生物的空间分布方面，也逐渐由浮游性生物主导转变为包括底栖性、悬浮性、游泳性和附着性生物在内的多样化发展。这些变化加剧了我国海洋生态灾害的复杂性和危害性，需要我们进一步加强监测和防控工作，以保障海洋生态系统的健康与稳定。

2. 赤潮生物毒素污染近岸海域

在我国沿岸海域，目前已发现世界上存在的多种有毒微藻及其毒素，且藻毒素的污染情况日益严峻。即使存在密度较低的有毒赤潮生物，它们产生的赤潮生物毒素也会在海洋生物体内蓄积，并通过食物链对更高层次的海洋生物甚至人类产生毒害作用。例如，2016 年 4 月，河北秦皇岛沿海发生了亚历山大藻赤潮，其中麻痹性毒素在贻贝体内的含量超出限量标准的 56 倍，引发了食用中毒事件。此外，2017 年 6 月福建沿岸海域也发生了链状裸甲藻赤潮，麻痹性毒素在贻贝体内的含量超出限量标准的 31 倍，同样引发了食用中毒事件。另外，2017 年 9 月在广东珠海因食用西加鱼毒素污染的鱼类而导致的中毒事件。这些有毒赤潮生物及其毒素对海水养殖、海水浴场游泳、海水淡化以及海洋生物多样性保护等活动构成重大威胁。因此，我们必须高度重视并加强监测防控工作，以维护海洋生态系统和人类健康的安全。

3. 局部海域致灾生物激增影响近岸海域功能

在特定海域中，大型漂浮类生物数量的急剧增加，可能会致使核电厂的冷源系统阻塞，进而触发核电机组自动停堆、降功率运行等重大事故，还可能干扰港口航线，导致船舶缠绕等问题。另外，底栖生物在局部海域数量的激增也可能引发珊瑚的死亡，从而严重破坏珊瑚礁这一典型的生态系统。鉴于海洋生态灾害对生态环境的持续性影响和破坏，这一问题已经引起国际社会越来越广泛的关注和重视。因此，我们需要加强国际合作，制定行之有效的应对策略，以保障海洋生态系统的健康稳定，规避或降低这些灾害带来的负面影响。

6.2 海洋生态环境保护对策建议

针对我国海洋生态环境保护面临的突出问题，必须坚决践行"山水林田湖草沙生命共同体"的整体保护和系统修复理念，坚持以保护优先、自然恢复为原则，把生态保护红线、环境质量底线、资源利用上线等生态环境"硬约束"，落实到生态环境管控单元，重点保护海洋生物多样性，着力恢复和修复典型的海洋生态系统。同时，加大海洋生态的监管力度，提升海洋生态系统的质量和稳定性，构建更加全面且有效的保护机制。

6.2.1 保护海洋生物多样性

开展全国性的海洋生物多样性调查、监测和评估工作，摸清我国海洋生物多样性的底数。推进鸭绿江口、辽河口、黄河口、长江口、珠江口、北部湾、南海岛礁区等重点海域生物多样性的长期监测监控，建立健全海洋生物多样性监测评估网络体系。统筹衔接陆海生态保护红线区、各类海洋自然保护地等，划定珍稀濒危的哺乳类、鸟类、爬行类等海洋生物多样性保护优先区，恢复适宜海洋生物迁徙、物种流通的生态廊道。对未纳入保护地体系的珍稀濒危海洋物种和重要海洋生态区域开展抢救性保护工作。加强渔业资源调查监测，及时掌握资源变动情况，推进实施海洋渔业资源总量管理制度。严格执行海洋伏季休渔制度，在渤海、长江口、珠江口等海洋渔业资源恢复的关键区域探索实施更严格的禁休渔制度。加大"三场一通道"（产卵场、索饵场、越冬场和洄游通道）以及长江口等特殊区域的保护力度，保护海洋渔业资源。积极开展水生生物增殖放流活动，推进现代化海洋牧场建设，逐步恢复海洋生物资源及栖息场所。对互花米草入侵严重的区域实施严格管控和综合治理。

6.2.2 恢复修复典型海洋生态系统

构建以海岸带、海岛链和自然保护地为支撑的"一带一链多点"海洋生态安全格局。加强海岸生态空间保护，严格管控围填海和岸线开发，探索建立海岸建筑退缩线制度，严格保护自然岸线和原生滩涂湿地[252]。通过退养还滩、退围还海、拆除人工构筑物等方式，恢复自然岸线和重要湿地生境，恢复修复红树林、芦苇、碱蓬、海草等湿地植被，加强海草床、珊瑚礁、牡蛎礁、潟湖等的保护修复，筑牢海洋生态安全屏障，提升海洋应对气候变化能力。加强海洋生态保护红线区的整体保护和系统修复，建设一批陆海兼备的国家重点生态功能区，推进海洋生态保护补偿[253]。根据近岸海洋生态特点，因地制宜实施已开发利用岸线生态化整治与改造，多措并举提升海洋生态系统质量和稳定性。

6.2.3 加强海洋生态保护修复监管

1. 加强典型海洋生态系统常态化监测监控

采用遥感监测、现场调查、野外长期监控等多技术手段，深入推进海岸线以及红树林、珊瑚礁、海草床、海湾和河口等典型海洋生态系统健康状况的监测监控工作，加快构建海洋生态监测监控网络。对各类重要海洋生态功能区、关键海洋物种分布区等开展常态化监管。定期评估全国及重点区域海洋生态系统的质量和稳定性，积极探索开展气候变化对海洋生态系统所造成的影响和风险评估。

2. 加大海洋自然保护地和生态保护红线监管力度

加快制定海洋自然保护地和海洋生态保护红线的监管制度，探索推行国家公园模式。持续开展"绿盾"自然保护地的强化监督，积极推进海洋自然保护地的生态环境监测工作，定期开展国家级海洋自然保护地生态环境保护成效的评估。充分依托现有平台设施，完善全国生态保护红线的监管平台，利用卫星遥感、无人机和现场巡查等手段，加大对海洋生态保护红线的常态化监管和监控预警力度。

3. 增强海洋生态修复监管和成效评估

建立海洋生态修复监管和成效评估制度，加快制定覆盖重点项目、重大工程和重点海域，以及贯穿问题识别、方案制定、过程管控、成效评估等的有关配套措施及标准规范。加强对海洋生态修复工程项目的分类监管和成效评估，扎实推进中央和地方生态环保督察查处的海洋生态破坏区的整治修复工作，严格查处借生态修复之名行生态破坏之实的项目和行为。加强对沿海各级政府、各有关部门以及责任单位的海洋生态修复履职情况的监督。

6.2.4 深入推进重点海域污染防治攻坚战

保持方向不变、力度不减、标准不降，巩固深化渤海入海河流断面水质治理成效，集中力量攻坚入海排污口的溯源整治，进一步削减氮磷等主要污染物的入海量，持续改善渤海环境质量。深化拓展渤海生物生态保护修复工作，重点加强河口湿地的保护修复，恢复修复重点海湾的生态功能，不断提升渤海生态系统的质量和稳定性。

深入实施长江口—杭州湾污染防治攻坚战，推进建立跨区域、跨部门的河口海湾生态环境保护协调合作机制，协同改善长三角陆海的环境质量，保护好长江口大美湿地。组织开展珠江口及邻近海域污染防治攻坚战，陆海统筹改善近岸海域水质，提升公众亲海区环境质量，打造人海和谐、国际先进的绿色高质量发展大湾区。指导和支持沿海各省（自治区、直辖市）组织开展行政区域内重点海湾的污染防治攻坚行动，着力解决各海湾长期存在的海洋生态环境突出问题。

6.2.5 深化陆源入海污染治理

严格实施地上地下、陆海统筹、区域联动的生态环境治理制度。按照"全面检查所有排放口，应查尽查"的原则，以沿海地市为单位，对入海排污口进行全面"查、测、溯、治"工作。包括查清各类入海排污口的分布、数量、排放特性及责任主体等信息，建立动态的入海排污口信息台账，并与排污许可信息系统中的固定污染源入海排污口信息实现共享与联动。特别是针对近岸海域劣四类水质分布区，要构建"近岸水体—入海排污口—排污管线—污染源"的全链条治理体系，系统性地开展入海排污口的综合整治，并建立入海排污口整治销号制度。

同时，还应加强并规范入海排污口设置的备案管理，建立健全入海排污口的分类监管体系。为了更有效地管理入海排污口，要探索建立沿海、流域、海域协同一体的综合治理体系，构建流域—河口—近岸海域污染防治的联动机制，明确沿海城市及上游省市入海河流的治理责任。巩固并深化入海河流国控断面消除劣 V 类水质的成果，以改善近岸重点海湾和主要河口区的水质为目标，加强入海河流水质的综合治理。

此外，要拓展入海污染物排放总量控制的范围。针对"十三五"期间劣四类水质集中分布的辽东湾、莱州湾、杭州湾、象山港、三门湾、乐清湾、三沙湾、厦门湾、汕头湾、湛江港等重点海湾，开展湾区截污纳管建设、污水处理厂建设和提标改造、雨污分流改造等工程。在河口区，根据当地实际情况实施人工湿地净化和生态扩容工程。此外，还应增强沿海城镇径流面源污染的控制，加强农业面源污染的治理，推进河流入海断面水质的持续改善，进一步减少入海河流总氮总磷等的排海量，有效保护并改善我们的海洋环境。

6.2.6 加强养殖尾水排放监管

严格执行海水养殖环评准入机制，依法依规做好海水养殖新改扩建项目环评审批和相关规划的环评审查，推动海水养殖环保设施建设与清洁生产。规范海水养殖尾水排放和生态环境监管，加快制定养殖尾水排放地方标准，强化海水养殖污染生态环境监测监管。加强养殖投入品管理，开展海水养殖用药的监督抽查，依法规范、合理限制抗生素等化学药品的使用。加快辽东湾、莱州湾、北部湾、福建和海南近岸等重点海湾海水养殖污染综合治理。优化近海绿色养殖布局，推动海水养殖由近海向深远海发展，推广生态健康养殖模式。依据养殖水域滩涂管控要求，依法依规清理违规占用海域和岸滩湿地等的养殖活动。

7.1 构建一套完整系统的典型海洋生态系统的生态健康评价方法

本书基于海洋生态系统结构和功能，建立了典型海洋生态系统健康评价方法。针对珊瑚礁、海草床、红树林、河口和海湾生态系统，制定了差异化的评价体系。生态系统健康评价主要选取水环境、沉积环境、生物质量、栖息地、生物群落等指标（各生态系统的评价指标组成有所差异）。首先，评价每类指标的健康状况，根据评价结果和健康等级判别依据，评定整个生态系统的健康状况，包括健康、亚健康和不健康三个等级。在健康评价结论中，既可获得生态系统健康的总体状况，也可掌握水环境、沉积环境、生物质量、栖息地、生物群落的健康状况，识别主要生态环境问题及其原因，为海洋生态环境保护提供研究基础，也有助于海洋综合管理部门制定具有针对性的管理措施。

通过对不同生态系统生态压力、生态效应以及各类指标的生态学意义进行研究分析，科学制定生态健康评价指标体系，具体如下：

珊瑚礁生态系统健康评价指标体系包括水环境、栖息地、生物群落等3大类15项指标；海草床生态系统健康评价指标体系包括水环境、沉积环境、栖息地和生物群落等4大类12项指标；红树林生态系统健康评价指标体系包括水环境、生物质量、栖息地和生物群落等 4 大类 21 项指标；河口生态系统和海湾生态系统健康评价指标体系包括水环境、沉积环境、生物质量、栖息地和生物群落等 5 大类 16 项指标。

利用层次分析法结合专家经验判断法，对各生态系统的指标权重进行赋值，其中，珊瑚礁生态系统中权重最高的指标是栖息地，海草床、红树林、河口和海湾中权重最高的指标是生物群落。同时，针对部分生态系统的二级指标也赋予了权重值，能够较好地反映典型海洋生态系统的特点以及其存在的主要生态问题。

各指标评价基准值主要依据现有国家标准、趋势变化标准（历史数据）以及借鉴国内外现有研究成果和专家判断等。其中，河口和海湾生物群落指标评价基准主要依据历史调查数据确定，以历史上近岸生态系统相对健康阶段的上述指标的数值来确定相应的基准。由于浮游植物、浮游动物及底栖动物的指标始终处于变化状态，从理论上讲，健康生态系统的上述指标应处于一个相对稳定的区间波动，在此区间内变化属于健康，高出或低于这一范围则为亚健康或不健康。因此，浮游植物、浮游动物及底栖动物的评价基准应给出一个相应的阈值范围。同时，根据不同区域的海洋生态特征，重新划分了 24 个分区，并对各分区内的每个指标按照季节进行赋值。

生态健康评价标准主要依据生态健康指数（CEH_{indx}）进行判断：当 CEH_{indx} 大于等于Ⅰ、Ⅱ级赋值的平均值时，生态系统为健康；当 CEH_{indx} 小于Ⅰ、Ⅱ级赋值的平均值，且大于等于Ⅱ、Ⅲ级赋值的平均值时，生态系统为亚健康；当 CEH_{indx} 小于Ⅱ、Ⅲ级赋值的平均值时，生态系统为不健康。

本标准涵盖的评价方法综合考虑了不同海域资源禀赋、生物多样性特征等因素，评价指标设计合理、权重设置得当、评价方法可行，能够比较准确、客观地反映近岸海域生态环境健康状况，可用于指导各级海洋管理机构、监测部门、科研单位开展近岸海洋生态健康评价工作，对于我国海洋生态环境保护和生物资源可持续利用具有显著的科学研究和社会经济效益。

7.2　开展典型海洋生态系统生态健康评价

本研究针对新构建的健康评价方法进行了示范应用和试评估。涠洲岛珊瑚礁生态系统为亚健康，尤其是栖息地和生物群落部分的硬珊瑚补充量评价结果不容乐观。北海铁山港海草床生态系统为健康。其中，栖息地为亚健康，水环境、沉积环境和生物群落评价指标均为健康。栖息地沉积物主要组分含量的变化以及海草分布面积的减少是亚健康的主因。山口红树林生态系统为健康，其中水环境和生物群落为亚健康，栖息地状况、生物质量赋值评价为健康，但也面临水环境污染、人类活动干扰、外来物种入侵等潜在威胁。北部湾海洋生态系统为亚健康。其中，水环境、沉积环境、生物质量、栖息地环境为健康，生物群落为亚健康。经分析验证，此评价结果符合客观实际，能够反映不同典型海洋生态系统的健康状况、变化趋势和系统特征，能够甄别出主要的环境问题和潜在风险，结果可信度高。

7.3 提出我国海洋生态环境保护对策

自党的十八大以来，我国海洋生态环境保护已取得积极成效，海洋生态环境质量逐步得到改善。然而当下，我国仍处于污染物排放和环境风险的高峰期以及海洋生态退化和灾害频发的叠加期，部分典型海洋生态系统的生态环境问题依然突出。

因此，我们要坚持保护优先、自然恢复为主的原则，着力保护海洋生物多样性，修复典型海洋生态系统，强化海洋生态监管，提升海洋生态系统的质量和稳定性。

一是保护海洋生物多样性，开展全国海洋生物多样性调查，摸清我国海洋生物多样性本底。加强渔业资源调查监测，严格执行海洋伏季休渔制度，加大"三场一通道"的保护力度，以保护海洋渔业资源。对互花米草入侵严重的区域实施严格管控和治理。

二是恢复修复典型海洋生态系统，严格管控围填海和岸线开发，严格保护自然岸线和原生滩涂湿地，加强海草床、珊瑚礁、红树林、牡蛎礁、潟湖等的保护修复，开展海洋生态保护红线区的整体保护和系统修复，多措并举提升海洋生态系统的质量和稳定性。

三是加强海洋生态保护修复监管，采用遥感监测等技术手段，深化拓展红树林、珊瑚礁、海草床、海湾和河口等典型海洋生态系统健康状况的监测监控，持续开展"绿盾"自然保护地强化监督，加强对沿海各级政府、各有关部门和责任单位的海洋生态修复履职情况的监督。

四是深入推进重点海域污染防治攻坚战，巩固深化渤海入海河流断面水质治理成效，加强长江口、珠江口、杭州湾"两口一湾"重点海域综合治理攻坚，以美丽海湾建设为抓手，着力解决各海湾长期存在的海洋生态环境突出问题。

五是深化陆源入海污染治理工作，以沿海地市为单元，全面展开入海排污口"查、测、溯、治"行动，建立健全"近岸水体—入海排污口—排污管线—污染源"全链条治理体系，进一步降低入海河流总氮总磷等的排海量。

六是加强海水养殖污染防治，规范海水养殖尾水排放和生态环境监管，加快制定养殖尾水排放地方标准，加强海水养殖污染生态环境监测监管。

随着对海洋生态环境认识的持续深化，我们对生态环境问题的分析也将更为透彻，这有助于将复杂问题简单化。所以在制定健康评价标准时，应该抓住问题的本质与核心，深入研究影响生态系统健康的决定性因素，紧紧围绕经济社会高质量发展的新需求、人民群众对生态环境改善的新期待，不断优化海洋生态健康评价体系。

（1）优化评价指标。通过积累长期典型海洋生态系统的生态环境数据，展开趋势性健康状况评价，梳理生态环境问题。在确保监测指标连续性的前提下，针对污染严重环境因子、波动剧烈的生态指标以及对评价结果贡献有限的指标，进行动态调整和优化。

（2）完善评价方法。开展海洋微生物生态学研究，构建微生物群落动态变化与环境因子（或污染负荷）关系的响应模型，筛选相关性较强的特定指示微生物，并根据生态学的中位理论和耐受性定律，确定生态健康平衡点和环境容量阈值，这既有助于快速、便捷地评估生态健康状况，也与现有的指标体系法形成互补。

（3）服务海洋管理。党的二十大报告指出，"发展海洋经济，保护海洋生态环境，加快建设海洋强国"。优美的海洋生态环境是人民群众临海、亲海的最朴素需求和福祉，是美丽中国建设的重要组成和海洋强国建设的重要基础。构建一套与管理相适配、与压力相关联的生态健康评价指标体系，有助于管理部门识别典型生态系统问题，制定具有针对性的海洋生态环境保护措施。

参考文献

［1］ HUTTON J X. Theory of the Earth; or an Investigation of the Laws observable in the Composition, Dissolution, and Restoration of Land upon the Globe ［J］. Transactions, 2013, 1 (2): 209 – 304.

［2］ LEOPOLD A. Wilderness as a land laboratory ［J］. Living Wilderness, 1941, 7 (6): 3.

［3］ 陆阳. 经济—社会—自然环境多目标协调发展综合评价及应用 ［D］. 西安: 陕西师范大学, 2011.

［4］ LEE B J. An ecological comparison of the McHarg method with other planning initiatives in the Great Lakes Basin ［J］. Landscape Planning, 1982, 9 (2): 147 – 169.

［5］ SCHAEFFER D J, NOVAK E. Integrating epidemiology and epizootiology information in ecotoxicology studies. Ecosystem health ［J］. Ecotoxicology and Environment Safety, 1988, 16 (3): 232 – 241.

［6］ KARR J R, FAUSCH K D, ANGERMEIER P. L. et al. Assessing biological integrity in running waters: a method and its rationale M. Champaigre: Illinois Natural History Survey, Special Publication 5, 1986.

［7］ RAPPORT D J, DAVID J. What ecosystem heath ［J］. Perspectives in biology and medicine, 1989, 33 (1): 120 – 132.

［8］ 马克明, 孔红梅, 关文彬, 等. 生态系统健康评价: 方法与方向 ［J］. 生态学报, 2001, 21 (12): 2106 – 2116.

［9］ CASTANZA R. Toward an operational definition of health ［M］. Washington, DC: Inland, 1992: 239 – 256.

［10］ RAFFAELLI D, FRID C. Ecosystem ecology: a new synthesis ［M］. Cambridge: Cambridge University Press, 2010.

［11］ 马世骏, 王如松. 社会—经济—自然复合生态系统 ［J］. 生态学报, 1984, 4 (1): 3 – 11.

［12］ 崔保山, 杨志峰. 湿地生态系统健康研究进展 ［J］. 生态学杂志, 2001, 20 (3): 31 – 36.

［13］ HOLDER – FRANKLIN M. A., FRANKLIN M.. River bacteria time series analysis: a field and laboratory study which demonstrates aquatic ecosystem health ［J］. Journal of Aquatic Ecosystem Health, 1993, 2: 251 – 259.

［14］POLLARD P, HUXHAM M. The European Water Framework Directive：a new era in the manage-ment of aquatic ecosystem healthy ［J］. Aquatic Conservation – Marineand Freshwater Ecosystems, 1998, 8（6）：773 – 792.

［15］FAIRWEATHER P G. Determining the 'health' of estuaries：Priorities for ecological research ［J］. Austral Ecology, 2015, 24（4）：441 – 451.

［16］国家海洋局. 近岸海洋生态健康评价指南：HY/T 087—2005 ［S］. 北京：中国标准出版社, 2005.

［17］马凤媛. 我国海洋强国战略视角下的海洋环境保护问题研究 ［D］. 青岛：中国海洋大学, 2015.

［18］KARR J. Assessment of biotic integrity using fish communities ［J］. Fisheries, 1981, 6：21 – 27.

［19］KONG H M, ZHAO J Z, JI L Z, LU Z H, DENG H B, MA K M, ZHANG P. Assessment meth-od of ecosystem health. ［J］. Chinese Journal of Applied Ecology, 2002, 13（4）：486 – 490.

［20］BONDE R K, AGUIRRE A A, POWELL J. Manatees as sentinels of marine ecosystem health：are they the 200 – pound canaries ［J］. EcoHealth, 2004, 1（3）：252 – 262.

［21］VAN H G, Bo 巧 a A, Birchenough S, et al. The use of benthic indicators in Europe, from the wa-ter Framework Directive to the marine strategy Framework directive ［J］. Marine Pollution Bulletin, 2010, 60（12）：2187 – 2196.

［22］EDWARDS C J, RYDER R A, MARSHALL T R. Using lake trout as a surrogate of ecosystem health for oligotrophic waters of the Great Lakes ［J］. Journal of Great Lakes Research, 1990, 16：591 – 608.

［23］SHERMAN K. Coastal Ecosystem Health A Global Perspective ［J］. Annals of the New York Acad-emy of Sciences, 2010, 740：24 – 43.

［24］EPSTEIN P R, RAPPORT D J. Changing coastal marine environments and human health ［J］. Eco-system Health, 2006, 2（3）：166 – 176.

［25］ANDRULEWICZ E, KRUK – DOWGIALLO L, OSOWIECKI A. An expert ［J］. udgement ap-proach to designating ecosystem typology and assessing the health of the Gulf of Gdansk ［J］. Coast-line Reports, 2004, 2：53 – 61.

［26］ANON W. Canada to spend ＄150 million on Great Lakes program ［J］. Water Environment and Technology, 1994, 6（7）：28.

［27］National Coastal Condition Report – NCCR（2001）［EB/OL］. ［2023 – 09 – 23］. http：//www. epa. gov/owow/oceans/nccr/downloads. html.

［28］许学工, 许诺安. 美国海岸带管理和环境评估的框架及启示 ［J］. 环境科学与技术, 2010, 33（1）：201 – 204.

［29］ European Community. Directive 2000/60/EC of the European Parliament and of the Council of 23 October 2000 establishing a frame work for community action in the field of waters policy ［R］. Brussels: European Community Official Journal, 2000 （L 327）: 1 – 73.

［30］ VINCEN T C, HEI N RI C H H, ED WARDS A, et al. Guidance on typology, classification and reference conditions for transitional and coastal waters. European Commission, report of CIS WG2. 4 （COAST）［R］. Brussels: European Commission, 2003: 1 – 119.

［31］ HELCOM. Ecosystem Health of the Baltic Sea 2003 – 2007: HELCOM Initial Holistic Assessment ［R］. Balt. Sea Environ. Proc. No. 122. HeIsinki: HELCOM, 2010.

［32］ HALPERN B S, LONGO C, HARDY D, et al. An index to assess the health and benefits of the global ocean ［J］. Nature, 2012, 488 （7413）: 615 – 620.

［33］ MUNIZ P, VENTURINI N, HUTTON M, et al. Ecosystem health of Montevideo coastal zone: A multi – apporach using some different benthic indiactors to improve a ten – year – ago assessment ［J］. Journal of Sea Research, 2011, 65: 38 – 50.

［34］ MARIG6MEZ I, GARMENDIA L, SOTO METAL. Marine ecosystem health status assessment through integrative biomarker indices: a comparative study after the Prestige oil spill "Mussel Watch" ［J］. Ecotoxicology, 2013, 3 （22）: 486 – 505.

［35］ WINGARD G L, LORENZ J J. Integrated conceptual ecological model and habitat indices for the southwest Florida coastal wetlands ［J］. Ecological Indicators, 2014, 44: 92 – 107.

［36］ SERA K, GOTO S, TAKAHASHI C, et al. Effects of heavy elements in the sludge conveyed by the 2011 tsunami on human health and the recovery of the marine ecosystem ［J］. Nuclear Instruments and Methods in Physics Research Section B, 2014, 218: 76 – 82.

［37］ OGDEN J C, BALDWIN J D, BASS O L, et al. Waterbirds as indicators of ecosystem health in the coastal marine habitats of southern Florida: 1. Selection and Justification for a suite of indicator species ［J］. Ecological Indicators, 2014, 44: 148 – 163.

［38］ JOHNSON, L L, YLITALO G M, MYERS, M S, et al. Aluminum smelter – derived polycyclic aromatic hydrocarbons and flatfish health in the Kitimat marine ecosystem, British Columbia, Canada ［J］. Science of The Total Environment, 2015, 512 – 513: 227 – 239.

［39］ HELCOM （2018）: Thematic assessment of cumulative impacts on the Baltic Sea 2011 – 2016. Available at: http: //www. helcom. fi/baltic – sea – trends/holistic – assessments/state – of – the – baltic – sea – 2018/reports – and – materials/.

［40］ 杨建强, 崔文林, 张洪亮, 等. 莱州湾西部海域海洋生态系统健康评价的结构功能指标法 ［J］. 海洋通报, 2003, 22 （5）: 58 – 63.

［41］ XU F L, LAM K C, ZHAO Z Y, et al. Marine coastal ecosystem health assessment: a case study of the Tolo Harbour, hong Kong, China [J]. Ecological Modelling, 2004, 173 (4): 355 – 370.

[42] 张秋丰. 天津近岸海域海洋生态健康评价与分析 [D]. 青岛: 中国海洋大学, 2006.

[43] 欧文霞. 闽东沿岸海洋生态监控区生态系统健康评价与管理研究 [D]. 厦门: 厦门大学, 2006.

[44] 宋伦, 王年斌, 宋永刚, 等. 锦州湾海域生态系统健康状况评价 [J]. 中国环境监测, 2013 (4): 6.

[45] 梁森, 孙丽艳, 鞠茂伟, 等. 曹妃甸近岸海域海洋生态系统健康评价 [J]. 海洋开发与管理, 2018, 35 (8): 44 – 50.

[46] 李益云, 樊立静. 闽东沿岸生态监控区海洋生态健康评价与变化趋势研究 [J]. 海洋开发与管理, 2020, 37 (1): 62 – 68.

[47] 刘佳. 九龙河口生态系统健康评价研究 [D]. 厦门: 厦门大学, 2008.

[48] 陈小燕. 河口、海湾生态系统健康评价方法及其应用研究 [D]. 青岛: 中国海洋大学, 2011.

[49] 周彬, 钟林生, 陈田, 等. 舟山群岛旅游生态健康动态评价 [J]. 地理研究, 2015, 34 (2): 306 – 318.

[50] PEDROS – ALIO C. Genomics and marine microbial ecology [J]. International Microbiology, 2006, 9 (3): 191 – 197.

[51] 李越中, 陈琦. 海洋微生物资源多样性 [J]. 生物工程进展, 1998, 18 (4): 34 – 40.

[52] 薛超波, 王国良, 金珊, 等. 海洋微生物多样性研究进展 [J]. 海洋科学进展, 2005, 22 (3): 377 – 384.

[53] 董逸. 我国黄、东海典型海域微生物群落结构及其与环境变化的关系 [D]. 北京: 中国科学院研究生院 (海洋研究所), 2013.

[54] AZAM F, MALFATTI F. Microbial structuring of marine ecosystems [J]. Nature Reviews Microbiology, 2007, 5 (10): 782 – 791.

[55] RIEMANN L F, STEWARD G, FANDINO L B, et al. Bacterial community composition during two consecutive NE Monsoon periods in the Arabian Sea studied by denaturing gradient gel electrophoresis (DGGE) of rRNA genes [J]. Deep Sea Research Part II: Topical Studies in Oceanography, 1999, 46 (8): 1791 – 1811.

[56] KAI WANG, XIANSEN YE, HEPING CHEN, et al. Bacterial biogeography in the coastal waters of northern Zhejiang, East China Sea is highly controlled by spatially structured environmental gradients [J]. Environmental Microbiology, 2015, 17 (10). DOI: 10. 1111/1462 – 2920. 12884.

[57] 赵美霞, 余克服, 张乔民. 珊瑚礁区的生物多样性及其生态功能 [J]. 生态学报, 2006, 26 (1): 186 – 194.

[58] ALICE R，R H A，J B C，et al. Anticipative management for coral reef ecosystem services in the 21st century [J]. Global change biology，2015，21 (2)：504 – 514.

[59] MCCOOK J L J. The Effects of Nutrients and Herbivory on Competition between a Hard Coral (Porites cylindrica) and a Brown Alga (Lobophora variegata) [J]. Limnology and Oceanography，2002，47 (2)：527 – 534.

[60] 王丽荣，赵焕庭. 珊瑚礁生态系的一般特点 [J]. 生态学杂志，2001，20 (6)：41 – 45.

[61] 张乔民，余克服，施祺，等. 全球珊瑚礁监测与管理保护评述 [J]. 热带海洋学报，2006，(2)：71 – 78.

[62] 牛文涛，刘玉新，林荣澄. 珊瑚礁生态系统健康评价方法的研究进展 [J]. 海洋学研究，2009 (4)：9.

[63] 张乔民. 我国热带生物海岸的现状及生态系统的修复与重建 [J]. 海洋与湖沼，2001，32 (4)：454 – 464.

[64] SMITH R W，BERNSTEIN B B，CIMBERG R L. Marine Organisms as Indicators [M]. Springer – Verlag，1988.

[65] OVE，HOEGH – GULDBERG. Climate change，coral bleaching and the future of the world's coral reefs [J]. Marine and Freshwater Research，1999，50 (8)：839 – 866.

[66] ARONSON R B. Causes of Coral Reef Degradation [J]. Science，2003，302 (5650)：1502b – 1504.

[67] SMITH，S V，et al. Global Change and Coral Reef Ecosystems [J]. Annual Review of Ecology and Systematics，1992 (23)：89 – 118.

[68] SOONG K，CHEN M H，CHEN C L，et al. Spatial and temporal variation of coral recruitment in Taiwan [J]. Coral Reefs，2003，22 (3)：224 – 228.

[69] BEN – TZVI O，LOYA Y，Abelson A. Deterioration Index (DI)：A suggested criterion for assessing the health of coral communities [J]. Marine Pollution Bulletin，2004，48 (9/10)：954 – 960.

[70] 黄晖. 中国珊瑚礁状况报告 (2010—2019) [R]. 北京：海洋出版社，2021.

[71] 张乔民，余克服，施祺，等. 全球珊瑚礁监测与管理保护评述 [J]. 热带海洋学报，2006，25 (2)：71 – 78.

[72] 张乔民，施祺，陈刚，等. 海南三亚鹿回头珊瑚岸礁监测与健康评估 [J]. 科学通报，2006，51 (53)：7.

[73] 孙典荣，邱永松，林昭进，等. 中沙群岛春季珊瑚礁鱼类资源组成的初步研究 [J]. 海洋湖沼通报，2006 (3)：8.

[74] 李颖虹，黄小平，岳维忠，等. 西沙永兴岛珊瑚礁与礁坪生物生态学研究 [J]. 海洋与湖沼，2004，35 (2)：7.

[75] 赵焕庭，温孝胜，孙宗勋，等. 南沙群岛珊瑚礁自然特征 [J]. 海洋学报 (中文版)，

1996, 18 (5)：10.

［76］纪雅宁，牛文涛，黄丁勇，等. 基于 PSR 模型的珊瑚礁生态系统健康评价指标体系的构建与应用 ［J］. 应用海洋学学报，2014，33 (3)：343 - 347.

［77］DE'ATH G, Fabricius K E, Sweatman H, et al. The 27 - year decline of coral cover on the Great Barrier Reef and its causes ［J］. Proceedings of the National Academy of Sciences of the United States of America, 2012, 109 (44)：17995 - 17999.

［78］BRUNO J F, SELIG E R. Regional Decline of Coral Cover in the Indo - Pacific：Timing, Extent, and Subregional Comparisons ［J］. Plos One, 2007 (2). DOI：10.1371/journal. pone. 0000711.

［79］HUGHES T P H, H. YOUNG, M. A. L. The Wicked Problem of China's Disappearing Coral Reefs ［J］. Conservation Biology, 2013, 27 (2)：261 - 269.

［80］CHIN A, SWEATMAN H, FORBES S, et al. 2008 Status of the coral reefs in Australia and Papua New Guinea ［J］. Global Coral Reef Monitoring Network, 2008, 74 (6)：611 - 616.

［81］马克明，孔红梅，关文彬，等. 生态系统健康评价：方法与方向 ［J］. 生态学报，2001，21 (12)：11.

［82］纪雅宁，牛文涛，黄丁勇，等. 基于 PSR 模型的珊瑚礁生态系统健康评价指标体系的构建与应用 ［J］. 应用海洋学学报，2014，33 (3)：5.

［83］李元超，杨毅，郑新庆，等. 海南三亚后海海域珊瑚礁生态系统的健康状况及其影响因素 ［J］. 生态学杂志，2015，34 (4)：8.

［84］吴钟解，陈石泉，陈敏，等. 海南岛造礁石珊瑚资源初步调查与分析 ［J］. 海洋湖沼通报，2013，(2)：7.

［85］吴钟解，张光星，陈石泉，等. 海南西瑁洲岛周边海域造礁石珊瑚空间分布及其生态系统健康评价 ［J］. 应用海洋学学报，2015，34 (1)：8.

［86］牛文涛，刘玉新，林荣澄. 珊瑚礁生态系统健康评价方法的研究进展 ［J］. 海洋学研究，2009，27 (4)：77 - 85.

［87］MA K M, KONG H M, GUAN W B, et al. Ecosystem health assessment：methods and directions ［J］. Acta Ecologica Sinica, 2001, 21 (12)：2106 - 2116.

［88］陈国宝，李永振，陈新军. 南海主要珊瑚礁水域的鱼类物种多样性研究 ［J］. 生物多样性，2007，15 (4)：9.

［89］黄丽华. 南中国海珊瑚礁生态保护与管理 ［J］. 琼州学院学报，2011，18 (5)：4.

［90］梁文，黎广钊，范航清，等. 广西涠洲岛珊瑚礁物种生物多样性研究 ［J］. 海洋通报，2010，29 (4)：6.

［91］CHRISTOPHER H R, et al. Sediments and herbivory as sensitive indicators of coral reef degradation ［J］. Ecology and Society, 2016, 21 (1)：29.

［92］ HMR. The challenge of defining reef health in the Mesoamerican barrier reef: the search for yard-sticks and a meaning index of Reef Integrity ［Z］. Miami: the Healthy Mesoamerican Reef Work-shop, 2004: 1 –45.

［93］ 孙有方, 雷新明, 练健生, 等. 三亚珊瑚礁保护区珊瑚礁生态系统现状及其健康状况评价 ［J］. 生物多样性, 2018, 26（3）: 258 –265.

［94］ HAYA L O M Y, FUJII M. Mapping the change of coral reefs using remote sensing and in situ meas-urements: a case study in Pangkajene and Kepulauan Regency, Spermonde Archipelago, Indonesia ［J］. Journal of Oceanography, 2017, 73（5）: 1 –23.

［95］ United States Coral Reef Task Force. The U. S. the National Action Plan to Conserve Coral Reefs ［R］. Washington: UCRTF, 2008.

［96］ 黄晖, 等. 中国珊瑚礁状况报告（2010 –2019）［R］. 北京: 海洋出版社, 2021.

［97］ BRYAN G W. Quantitative aquatic biological indicators ［J］. Estuarine Coastal and Shelf Science, 1982, 15（5）: 589 –590.

［98］ GOLORAN A B, LAURENCE C, GLENN B, et al. Species Composition, Diversity and Habitat Assessment of Mangroves in the Selected Area along Butuan Bay, Agusan Del Norte, Philippines ［J］. Open Access Library Journal, 2020（7）: 1 –11.

［99］ 杨宗岱. 中国海草植物地理学的研究 ［J］. 海洋湖沼通报, 1979（2）: 43 –48.

［100］ DENNISON W C, ORTH R J, MOORE K A, et al. Assessing Water Quality with Submersed Aquatic Vegetation ［J］. BioScience, 1993（2）: 2.

［101］ 吴钟解, 陈石泉, 王道儒, 等. 海南岛东海岸海草床生态系统健康评价 ［J］. 海洋科学, 2014, 38（8）: 67 –74.

［102］ LAFFOLEY D, GRIMSDITCH G. The management of natural coastal carbon sinks ［J］. Manage-ment of Natural Coastal Carbon Sinks, 2009.

［103］ FOURQUREAN J W, DUARTE C M, KENNEDY H, et al. Seagrass ecosystems as a globally sig-nificant carbon stock ［J］. Nature Geoscience, 2012, 1（7）: 297 –315.

［104］ LO IACONO C, MATEO M A, GRàCIA E, et al. Very high – resolution seismo – acoustic ima-ging of seagrass meadows（Mediterranean Sea）: Implications for carbon sink estimates ［J］. Geo-physical Research Letters, 2008, 35（18）: 102.

［105］ MONNIER B, GÉRARD PERGENT, MATEOM N, et al. Sizing the carbon sink associated with Posidonia oceanica seagrass meadows using very high – resolution seismic reflection imaging ［J］. Marine Environmental Research, 2021.

［106］ 杨宗岱, 吴宝铃. 中国海草场的分布、生产力及其结构与功能的初步探讨 ［J］. 生态学报, 1981（1）: 84 –89.

［107］周毅，江志坚，邱广龙，等. 中国海草资源分布现状、退化原因与保护对策［J］. 海洋与
湖沼，2023，54（5）：1248－1257.

［108］郑凤英，邱广龙，范航清，等. 中国海草的多样性、分布及保护［J］. 生物多样性，2013，
21（5）：517－526.

［109］郑凤英，邱广龙，范航清，等. 中国海草的多样性、分布及保护［J］. 生物多样性，2013，
21（5）：10.

［110］吴钟解，陈石泉，蔡泽富，等. 新村港海草床生态系统健康评价［J］. 中国环境监测，
2015，31（2）：98－103.

［111］孙燕，周杨明，张秋文，等. 生态系统健康：理论/概念与评价方法［J］. 地球科学进展，
2011，26（8）：10.

［112］韩秋影，黄小平，施平，等. 广西合浦海草床生态系统服务功能价值评估［J］. 海洋通报
（英文版），2008，10（1）：87－96.

［113］杨斌，隋鹏，陈源泉，等. 生态系统健康评价研究进展［J］. 中国农学通报，2010，
（21）：6.

［114］胡志新，胡维平，谷孝鸿. 太湖湖泊生态系统健康评价［J］. 湖泊科学，2005，17
（3）：7.

［115］孙雪岚，胡春宏. 河流健康评价指标体系初探［J］. 泥沙研究，2008（4）：7.

［116］林倩，张树深，刘素玲. 辽河口湿地生态系统健康诊断与评价［J］. 生态与农村环境学报，
2010（1）：6.

［117］肖风劲，欧阳华，傅伯华. 森林生态系统健康评价指标及其在中国的应用［J］. 地理学报，
2003，58（6）：803－809.

［118］卢志娟，裴洪平，汪勇. 西湖生态系统健康评价初探［J］. 湖泊科学，2008，20（6）：4.

［119］谢锋，张光生，成小英. 五里湖湖滨带生态系统健康评价［J］. 中国农学通报，2007，23
（7）：4.

［120］李会民，王洪礼，郭嘉良. 海洋生态系统健康评价研究［J］. 生产力研究，2007（10）：2.

［121］杨建强，崔文林，张洪亮，等. 莱州湾西部海域海洋生态系统健康评价的结构功能指标法
［J］. 海洋通报，2003，22（5）：6.

［122］叶属峰，刘星，丁德文. 长江河口海域生态系统健康评价指标体系及其初步评价［J］. 海
洋学报（中文版），2007，29（4）：9.

［123］HEMMINGA M A，DUARTE C M. Seagrass Ecology［J］. Cambridge University Press，2000.

［124］FOURQUREAN J W，CAI Y. Arsenic and phosphorus in seagrass leaves from the Gulf of Mexico
［J］. Aquatic Botany，2001，71（4）：247－258.

［125］LYNGBY J E，BRIX H. A comparison of eelgrass（Zostera marina L.），the common mussel

（Mytilus edulis L. ）and sediment for monitoring heavy metal pollution in coastal areas ［C］//Int Conf Heavy Metals Environint Conf Heavy Metals Environ. 1983.

［126］SHORT F T, SHORT C A. The seagrass filter: purification of estuarine and coastal waters ［J］. estuary as a filter, 1984.

［127］STEVENSON, JC. COMPARATIVE ECOLOGY OF SUBMERSED GRASS BEDS IN FRESH – WATER, ESTUARINE, AND MARINE ENVIRONMENTS ［J］. LIMNOL OCEANOGR, 1988, 33 （4）: 867 – 893.

［128］GAMBI M, NOWELL A, J UMARS P. Flume Observations on Flow Dynamics in Zostera marina （Eelgrass）Beds ［J］. Marine Ecology Progress Series, 1990 （61）: 159 – 169.

［129］JACKSON E L, Rowden A A, Attrill M J, et al. The importance of seagrass beds as a habitat for fishery species ［J］. Oceanogr. mar. biol. ann. rev, 2001 （39）: 269 – 304.

［130］NEWELL S Y. Multiyear patterns of fungal biomass dynamics and productivity within naturally decaying smooth cordgrass shoots ［J］. Limnology and Oceanography, 2001, 46 （3）: 573 – 583.

［131］PREEN A, MARSH H. Response of dugongs to large – scale loss of seagrass from Hervey Bay, Queensland Australia ［J］. Wildlife Research, 1995, 22 （4）: 507 – 519.

［132］黄小平, 黄良民, 李颖虹, 等. 华南沿海主要海草床及其生境威胁 ［J］. 科学通报, 2006, 51 （S3）: 6.

［133］范航清, 彭胜, 石雅君, 等. 广西北部湾沿海海草资源与研究状况 ［J］. 广西科学, 2007, 14 （3）: 7.

［134］韩秋影, 黄小平, 施平, 等. 人类活动对广西合浦海草床服务功能价值的影响 ［J］. 生态学杂志, 2007, 26 （4）: 5.

［135］GIRI, OCHIENG, TIESZEN, et al. Status and distribution of mangrove forests of the world using earth observation satellite data ［J］. GLOBAL ECOL BIOGEOGR, 2011, 20 （1）: 154 – 159.

［136］BOUILLON S, BORGES A V, Castaneda – Moya E, et al. Mangrove production and carbon sinks: A revision of global budget estimates ［J］. Global Biogeochemical Cycles, 2008 （2）: 22.

［137］王伯荪, 梁士楚, 张炜银, 等. 世界红树植物区系 ［J］. 植物学报（英文版）, 2003, 45 （6）: 644 – 653.

［138］张莉, 郭志华, 李志勇. 红树林湿地碳储量及碳汇研究进展 ［J］. 应用生态学报, 2013, 24 （4）: 1153 – 1159.

［139］廖宝文, 张乔民. 中国红树林的分布、面积和树种组成 ［J］. 湿地科学, 2014, 12 （4）: 6.

［140］PREGITZER K S, EUSKIRCHEN E S. Carbon cycling and storage in world forests: biome patterns related to forest age ［J］. Global Change Biology, 2010 （10）. DOI: 10.1111/

j. 1365 - 2486. 2004. 000866. x.

[141] ALONGI, DANIEL M. Carbon sequestration in mangrove forests [J]. Carbon Management, 2012, 3 (3): 313 - 322.

[142] RAY R, GANGULY D, CHOWDHURY C, et al. Carbon sequestration and annual increase of carbon stock in a mangrove forest [J]. Atmospheric Environment, 2011, 45 (28): 5016 - 5024.

[143] 黄润霞, 钟泳林, 薛春泉, 等. 红树林碳储量及碳汇效能研究的发展趋势和特征 [J]. 湖南林业科技, 2017, 44 (4): 74 - 82.

[144] PENDLETON L, DONATO D C, MURRAY B C, et al. Estimating Global "Blue Carbon" Emissions from Conversion and Degradation of Vegetated Coastal Ecosystems [J]. PLoS ONE, 2012, 7 (9): e43542.

[145] VALIELA I, BOWEN J L, YORK J K. Mangrove Forests: One of the World's Threatened Major Tropical Environments [J]. Bioscience, 2001, 51 (10): 807 - 815.

[146] POLIDORO B A, CARPENTER K E, COLLINS L, et al. The Loss of Species: Mangrove Extinction Risk and Geographic Areas of Global Concern [J]. PLOS ONE, 2010 (5). DOI: 10.1371/journal. pone. 0010095.

[147] ALONGI D M. Mangrove forests: Resilience, protection from tsunamis, and responses to global climate change [J]. Estuarine Coastal & Shelf Science, 2008, 76 (1): 1 - 13.

[148] 韩维栋, 高秀梅, 卢昌义, 等. 中国红树林生态系统生态价值评估 [J]. 生态科学, 2000 (1): 40 - 46.

[149] TWILLEY R R, CHEN R H, HARGIS T. Carbon sinks in mangroves and their implications to carbon budget of tropical coastal ecosystems [J]. Water, Air, and Soil Pollution, 1992, 64 (1): 265 - 288.

[150] ZEITZ J, ZAUFT M, ROSSKOPF N. Use of stratigraphic and pedogenetic information for the evaluation of carbon turnover in peatlands; proceedings of the the International Peat Congress, F, 2008.

[151] EONG O J. Mangroves - a carbon source and sink [J]. Chemosphere, 1993, 27 (6): 1097 - 1107.

[152] WENXING K, ZHONGHUI Z, DALUN T, et al. CO$_2$ exchanges between mangrove - and shoal wetland ecosystems and atmosphere in Guangzhou [J]. Chinese Journal of Applied Ecology, 2008, 19 (12): 2605 - 2610.

[153] 林鹏. 中国红树林研究进展 [J]. 厦门大学学报 (自然科学版), 2001 (2): 592 - 603.

[154] 钟连秀. 漳江口红树林湿地生态系统健康水平综合评价研究 [D]. 福州: 福建农林大学, 2021.

[155] 郭菊兰, 朱耀军, 武高洁, 等. 红树林湿地健康评价指标体系 [J]. 湿地科学与管理, 2013

（1）：5.

［156］郑耀辉，王树功，陈桂珠. 滨海红树林湿地生态系统健康的诊断方法和评价指标［J］. 生态学杂志，2010（1）：6.

［157］AGUIRRE – RUBÍ，J，LUNA – ACOSTA A，ORTIZ – ZARRAGOITIA M，et al. Assessment of ecosystem health disturbance in mangrove – lined Caribbean coastal systems using the oyster Crassostrea rhizophorae as sentinel species［J］. Science of The Total Environment，2017（618）：718 – 735.

［158］CHEN Q，ZHAO Q，CHEN PM，et al. Effect of exotic cordgrass Spartina alterniflora on the eco – exergy based thermodynamic health of the microbenthic faunal community in mangrove wetlands［J］. Ecological Modelling，2018（385）：106 – 113.

［159］DATTA D. Assessment of mangrove management alternatives in village – fringe forests of Indian Sunder bans：resilient initiatives or short – term nature exploitations?［J］. Springer Netherlands，2018（3）. DOI：10.1016/j. scitotenv. 2019. 02. 325.

［160］王晖，陈丽，陈垦，等. 多指标综合评价方法及权重系数的选择［J］. 广东药学院学报，2007，23（5）：7.

［161］王玉图，王友绍，李楠，等. 基于 PSR 模型的红树林生态系统健康评价体系——以广东省为例［J］. 生态科学，2010，29（3）：234 – 241.

［162］王树功，郑耀辉，彭逸生，等. 珠江口淇澳岛红树林湿地生态系统健康评价［J］. 应用生态学报，2010，21（2）：391 – 398.

［163］武海涛，吕宪国. 中国湿地评价研究进展与展望［J］. 世界林业研究，2005，18（4）：49 – 53.

［164］CHEN W，CAO C，LIU D，et al. An evaluating system for wetland ecological health：Case study on nineteen major wetlands in Beijing – TianJin – Hebei region，China［J］. Science of The Total Environment，2019，666（7409）. DOI：10.1016/j. scitotenv. 2019. 02. 325.

［165］周静，万荣荣. 湿地生态系统健康评价方法研究进展［J］. 生态科学，2018，37（6）：8.

［166］汪晖，章金鸿. 我国红树林生态系统健康评价研究现状及展望［J］. 生物技术世界，2013（10）：3.

［167］HILTY J，MERENLENDER A. Faunal indicator taxa selection for monitoring ecosystem health［J］. Biological Conservation，2000，92（2）：185 – 197.

［168］孔红梅，赵景柱，姬兰柱，等. 生态系统健康评价方法初探［J］. 应用生态学报，2002，1（4）：486 – 490.

［169］WANG Y K，STEVENSON R J，SWEETS P R，et al. Developing and Testing Diatom Indicators for Wetlands in the Casco Bay Watershed，Maine，USA［J］. Hydrobiologia，2006，561（1）：

191 – 206.

[170] ZALDÍVAR – JIMÉNEZ A, LADRÓN – DE – GUEVARA – PORRAS P, PÉREZ – CEBALLOS R, et al. US – Mexico Joint Gulf of Mexico large marine ecosystem – based assessment and management: experience in community involvement and mangrove wetland restoration in Términos la – goon, Mexico. Environmental Development, 2017 (22): 206 – 213.

[171] 麦少芝, 徐颂军, 潘颖君. PSR 模型在湿地生态系统健康评价中的应用 [J]. 热带地理, 2005, 25 (4): 5.

[172] 李双喜, 龚旭昇, 李中强. 生态清洁小流域监测及后评价初探 [J]. 人民长江, 2017, 48 (12): 5.

[173] WANG C, CHEN J, LI Z, et al. An indicator system for evaluating the development of land – sea coordination systems: A case study of Lianyungang port [J]. Ecological Indicators, 2019, 98 (3): 112 – 120.

[174] SUN B, TANG J, YU D, et al. Ecosystem health assessment: A PSR analysis combining AHP and FCE methods for Jiaozhou Bay, China1 [J]. Ocean and Coastal Management, 2019, 168 (8): 41 – 50.

[175] GIRI, C. , OCHIENG, E. , TIESZEN, L. L. , et al. Status and distribution of mangrove forests of the world using earth observation satellite data [J]. Global ecology and biogeography, 2011, 20 (1): 154 – 159.

[176] SETO K C, FRAGKIAS M. Mangrove conversion and aquaculture development in Vietnam: A remote sensing – based approach for evaluating the Ramsar Convention on Wetlands [J]. Global Environmental Change, 2007, 17 (3 – 4): 486 – 500.

[177] WU C. Indicator system construction and health assessment of wetland ecosystem——Taking Hongze Lake Wetland, China as an example [J]. Ecological Indicators, 2020 (112). DOI: 10. 1016/j. ecoliucl. 2020. 106164.

[178] US Environmental Protection Agency (USEPA). National Wetland Condition Assessment 2011: A Collaborative Survey of the Nation's Wetlands [R]. EPA 843 R 15 005, 2016.

[179] 冯士筰. 海洋环境科学导论 [M]. 北京: 高等教育出版社, 1999: 42.

[180] National Land and Water Resources Audit. Estuary Assessment, Theme 7: Waterway and Estuarine, and Catchment and Landscape Health [R]. Canberra: National Land and Water Resources Audit, 2000.

[181] 冯士筰. 海洋环境科学导论 [M]. 北京: 高等教育出版社, 1999: 24.

[182] WARD, T, BUTLER, E, HILL B. 1998. Environmental Indicators for National State of the Environment Reporting— Estuaries and the Sea. Australia: State of the Environment (Environmental

Indicator Reports), Department of the Environment, Canberra. http：//www. environment. gov. au/soe/envindicators/estuaries – ind. html.

[183] 生态环境部. 2021 年中国海洋生态环境状况公报 [J]. 环境保护，2022，50 (11)：59 – 67.

[184] 生态环境部. 美丽海湾建设基本要求. 2023 年.

[185] 生态环境部. 美丽海湾建设参考指标（试行）. 2023 年.

[186] NLWRA（National Land and Water Resources Audit）. 2002, Australian Catchment, River and Estuary Assessment 2002. Volume 1. National Land and Water Resources Audit, Commonwealth of Australia, Canberra.

[187] Gulfwatch Contaminants Monitoring Program [EB/OL]. http：//www. gulfofmaine. org.

[188] WHITE L, WELLS P G, JONES S H, et al. Nine – year review of Gulfwatch in the Gulf of Marine：Trends in tissue contaminant level in the blue mussel, Mytilus edulis L. , 1993 – 2001. http：//www. gulfofmaine. org/gulfwatch/docs/gulfwatchposter. pdf.

[189] Introduction to the new EU Water Framework Directive [EB/OL]. http：//ec. europa. eu/environment /water / water – framework/info/intro_en. htm.

[190] A Marine Strategy Directive to save Europe's seas and oceans [EB/OL]. http：//ec. europa. eu/environment/ water/marine/index_en. htm.

[191] Christian Hey, EU Environmental Policies：A short history of the policy strategies；EU Environmental Policy Handbook：a critical analysis of EU Environmental Legislation, ed. Stefan Scheuer. European Environmental Bureau [EB/OL]. 2005 / 007.

[192] Common Implementation Strategy for the Water Framework Directive （2000/60/EC） Guidancedocument no 5 Transitional and Coastal Waters Typology, Reference Conditions and Classification Systems.

[193] Common Implementation Strategy for the Water Framework Directive （2000/60/EC） Guidance document no 7 Monitoring under the Water Framework Directive.

[194] GRIMEAUD D. The EC Water Framework Directive – An Instrument for Integrating Water Policy [J]. Review of European Community and International Environmental Law, 2010, 13 (1)：27 – 39.

[195] 孔红梅，赵景柱，姬兰柱，等. 生态系统健康评价方法初探 [J]. 应用生态学报，2002，13 (4)：486 – 490.

[196] 赵士洞，张永民. 生态系统评估的概念、内涵及挑战——介绍《生态系统与人类福利：评估框架》[J]. 地球科学进展，2004，19 (4)：650 – 657.

[197] SAMHOURI J F, LESTER S E, SELIG E R, et al. Sea lick? Setting targets to assess ocean health and ecosystem services [J]. Ecosphere, 2012, 3 (5)：41.

[198] BORJA A, ELLIOTT M, ANDERSEN J H, et al. Good Environmental Status of marine ecosys-

tems: What is it and how do we know when we have attained it? [J]. Marine Pollution Bulletin, 2013, 76 (2): 16 – 27.

[199] 李磊, 贾磊, 赵晓雪, 等. 层次分析—熵值定权法在城市水环境承载力评价中的应用 [J]. 长江流域资源与环境, 2014, 23 (4): 456 – 460.

[200] 李名升, 张建辉, 梁念, 等. 常用水环境质量评价方法分析与比较 [J]. 地理科学进展, 2012, 31 (5): 617 – 624.

[201] 张泽生. 地铁某车辆段上盖开发若干问题的研究 [D]. 广州: 华南理工大学, 2018.

[202] 王诗慧. 盘锦双台河口湿地生物多样性的调查与保护的研究 [D]. 大连: 大连海事大学, 2016.

[203] 王彤. 盘锦双台子河口湿地植被修复区生境健康评价研究 [D]. 大连: 大连海事大学, 2016.

[204] 庞文博. 天津近岸海域生态环境质量评价及演变分析研究 [D]. 上海: 上海海洋大学, 2020.

[205] 杨颖. 西安 TY 学院人文社会科学科研项目评价研究 [D]. 西安: 西安电子科技大学, 2019.

[206] 邓雪, 李家铭, 曾浩健, 等. 层次分析法权重计算方法分析及其应用研究 [J]. 数学的实践与认识, 2012, 42 (7): 93.

[207] 王新民, 赵彬, 张钦礼. 基于层次分析和模糊数学的采矿方法选择 [J]. 中南大学学报 (自然科学版), 2008 (5): 875 – 880.

[208] VAN HOEY G, BOIJA A5 Birchenough S5, et al. The use of benthic indicators in Europe: From the Water Framework Directive to the Marine Strategy Framework Directive [J]. Marine Pollution Bulletin, 2010, 60 (12): 2187 – 2196.

[209] 国家核安全局. 海水水质标准: GB 3097—1997 [S]. 北京: 中国标准出版社, 1997.

[210] 中华人民共和国国家质量监督检验疫总局. 海洋沉积物质量: GB 18668—2002 [S]. 北京: 中国标准出版社, 2002.

[211] 中华人民共和国国家质量监督检验疫总局. 海洋生物质量: GB 18421—2001 [S]. 北京: 中国标准出版社, 2001.

[212] 赵彦伟, 杨志峰. 城市河流生态系统健康评价初探 [J]. 水科学进展, 2005, 16 (3): 349 – 355.

[213] 杨馥, 曾光明, 刘鸿亮, 等. 城市河流健康评价指标体系的不确定性研究 [J]. 湖南大学学报 (自然科学版), 2008 (5): 63 – 66.

[214] NORRIS R H, BARBOUR M T. Bioassessment of Aquatic Ecosystems [M]. Academic Press, 2009.

[215] 叶属峰, 刘星, 丁德文. 长江河口海域生态系统健康评价指标体系及其初步评价 [J]. 海

洋学报（中文版），2007（4）：128-136.

[216] 周晓蔚，王丽萍，郑丙辉. 长江口及毗邻海域生态系统健康评价研究 [J]. 水利学报，2011，42（10）：1201-1208.

[217] 路文海，曾容，向先全. 沿海地区海洋生态健康评价研究 [J]. 海洋通报，2013，32（5）：580-585.

[218] 国家市场监督管理总局国家标准化管理委员会. 近岸海洋生态健康评价指南：GB/T 42631—2023 [S]. 2023.

[219] 何精科，黄振鹏. 广西涠洲岛珊瑚分布状况研究 [J]. 海洋开发与管理，2019，36（1）：6.

[220] 国家海洋局. 珊瑚礁生态监测技术规程：HY/T 082—2005 [S]. 2005.

[221] 李倩，胡廷尖，王雨辰，等. 凤眼莲生长对池塘水质及生物种群影响试验 [J]. 安徽农学通报（下半月刊），2010，16（20）：66+138.

[222] 贺磊. 铜湾水库渔业资源现状调查及开发利用研究 [D]. 长沙：湖南农业大学，2016.

[223] 王文欢，余克服，王英辉. 北部湾涠洲岛珊瑚礁的研究历史、现状与特色 [J]. 热带地理，2016，36（1）：8.

[224] 王欣，黎广钊. 北部湾涠洲岛珊瑚礁的研究现状及展望 [J]. 广西科学院学报，2009（1）：5.

[225] HUGHES T P, KERRY J T, Álvarez-Noriega M, et al. Global warming and recurrent mass bleaching of corals [J]. Nature, 2017, 543 (7645)：373-377.

[226] FOSTER T, GILMOUR J P, CHUA C M, et al. Effect of ocean warming and acidification on the early life stages of subtropical Acropora spicifera [J]. Coral Reefs, 2015, 34 (4)：1217-1226.

[227] 孙有方，江雷，雷新明，等. 海洋酸化、暖化对两种鹿角珊瑚幼虫附着及幼体存活的影响 [J]. 海洋学报，2020，42（4）：96-103.

[228] SUWA R, NAKAMURA M, MORITA M, et al. Effects of acidified seawater on early life stages of scleractinian corals (Genus Acropora) [J]. Fisheries Science, 2010, 76 (1)：93-99.

[229] VIYAKARN V, LALITPATTARAKIT W, CHINFAK N, et al. Effect of lower pH on settlement and development of coral, Pocillopora damicornis (Linnaeus, 1758) [J]. Ocean Science Journal, 2015, 50 (2)：475-480.

[230] MCCLANAHAN T R. A coral reef ecosystem-fisheries model：impacts of fishing intensity and catch selection on reef structure and processes [J]. Ecological Modelling, 1995, 80 (1)：1-19.

[231] MCFIELD M, KRAMER P. The Healthy Reefs for Health-y People：A Guide to Indicators of Reef Health and Social Well-being in the Mesoamerican Reef Region [M]. Washington：Frankin Trade Graphics, 2007.

［232］KHALAF M A，KOCHZIUS M. Community structure and biogeography of shore fishes in the Gulf of Aqaba，Red Sea［J］. Helgoland Marine Research，2002，55（4）：252－284.

［233］邱广龙，范航清，周浩郎，等. 基于 SeagrassNet 的广西北部湾海草床生态监测［J］. 湿地科学与管理，2013（1）：5.

［234］郭雨昕. 广西北部湾海草床生态经济价值评估与保护对策［J］. 现代农业科技，2019（2）：170－173.

［235］杨玉楠，MYAT Thiri，刘晶，等. 危害我国红树林的团水虱的生物学特征［J］. 应用海洋学学报，2018，37（2）：7.

［236］自然资源部. 海洋生态修复技术指南　第4部分：海草床生态修复：GB/T 41339.4—2023［S］. 北京：中国标准出版社，2023.

［237］刘文爱，范航清. 广西红树林主要虫害及天敌［M］. 南宁：广西科学技术出版社，2009.

［238］国家海洋局. 红树林生态监测技术规程：HY/T 081—2005［S］. 北京：中国标准出版社，2005.

［239］王献溥，于顺利，等. 山口红树林生态自然保护区有效管理的成就和展望［J］. 北京农业，2011（15）：4.

［240］韦蔓新，范航清，何本茂，等. 广西海湾红树林区海水中氮的生物地球化学特征及其生态效应［J］. 湿地科学，2014，12（4）：10.

［241］何本茂，韦蔓新，范航清，等. 广西海湾红树林区表层海水无机氮含量的时空变化及富营养化评价［J］. 应用海洋学学报，2014，33（1）：140－148.

［242］陈永林，孙永光，谢炳庚，等. 红树林湿地景观格局与近海海域水质的相关分析——以广西北海地区为例［J］. 海洋环境科学，2016，35（1）：6.

［243］温远光，刘世荣，元昌安. 广西英罗港红树植物种群的分布［J］. 生态学报，2002，22（7）：1160－1165.

［244］乔延龙，林昭进. 北部湾地形、底质特征与渔场分布的关系［J］. 海洋湖沼通报，2007（S1）：7.

［245］李平阳. 广西北部湾沉积物高分辨率有机地球化学记录研究［D］. 南宁：广西大学，2014.

［246］杨晨玲. 广西滨海湿地退化及其原因分析［D］. 桂林：广西师范大学，2014.

［247］陈春炳. 广西北部湾海岸带生态安全评价与格局构建研究［D］. 南宁：广西师范学院，2023.

［248］夏鹏. 广西北海段潮间带表层沉积物中重金属地球化学特征及潜在生态危害评价［D］. 国家海洋局第一海洋研究所，2008.

［249］生态环境部. 近岸海域环境监测技术规范　第十部分　评价及报告：HJ 442.10—2020

[250] 李晴, 张安国, 齐玥, 等. 中国全面建立实施湾长制的对策建议 [J]. 世界环境, 2019 (3): 4.

[251] 李宏俊. 中国海洋生物多样性保护进展 [J]. 世界环境, 2019 (3): 3.

[252] 于春艳, 鲍晨光, 兰冬东, 等. 长江口—杭州湾生态环境问题与综合治理途径 [J]. 环境保护, 2022, 50 (12): 31 – 34.

[253] 南通市生态环境局. 南通市"十四五"生态环境保护规划 (通政办发〔2021〕57 号) [R/OL]. (2011 – 11 – 25) [2023 – 10 – 07]. http://sthjj. nantong. gov. cn/ntshbj/bmwjian/content/628faaba – 6140 – 4f70 – bba6 – 163f6b0920e3. html.